能源与环境出版工程
（第二期）

总主编　翁史烈

"十三五"国家重点图书出版规划项目
上海市文教结合"高校服务国家重大战略出版工程"资助项目

热力系统建模与仿真技术

Modeling and Simulation Technology for Thermal Power System

张会生　周登极　编著

上海交通大学出版社
SHANGHAI JIAO TONG UNIVERSITY PRESS

内容提要

本书是一本将建模与仿真的方法应用于热力系统的分析和试验过程的专业书。全书共分四篇,第一篇为概念先导篇,主要对建模与仿真的基本概念进行了阐述;第二篇为建模篇,对机理建模、数据驱动建模、混合建模等热力系统常用的建模方法进行了分析;第三篇为仿真篇,对模块化建模与仿真技术、代数方程的求解方法、微分方程的求解方法进行了详细的介绍;第四篇为实战应用篇,结合近年来的科研工作,给出了热力系统典型部件模块库的开发流程和方法,对一些典型的热力系统,介绍了相应的系统仿真模型和结果。

本书可作为热能动力专业的高层次人才培养教学用书,也可供广大工程技术人员参考,尤其是热力系统仿真相关领域的管理及技术人员。

图书在版编目(CIP)数据

热力系统建模与仿真技术/张会生,周登极编著.—上海:上海交通大学出版社,2018

能源与环境出版工程

ISBN 978-7-313-19255-4

Ⅰ.①热… Ⅱ.①张…②周… Ⅲ.①热力系统-系统建模②热力系统-系统仿真 Ⅳ.①TK284.1

中国版本图书馆 CIP 数据核字(2018)第 071590 号

热力系统建模与仿真技术

编　　著:张会生　周登极
出版发行:上海交通大学出版社　　　　　　　　　　地　　址:上海市番禺路 951 号
邮政编码:200030　　　　　　　　　　　　　　　　电　　话:021-64071208
出 版 人:谈　毅
印　　制:苏州市越洋印刷有限公司　　　　　　　　经　　销:全国新华书店
开　　本:710mm×1000mm　1/16　　　　　　　　印　　张:15.5
字　　数:283 千字
版　　次:2018 年 10 月第 1 版　　　　　　　　　　印　　次:2018 年 10 月第 1 次印刷
书　　号:ISBN 978-7-313-19255-4/TK
定　　价:108.00 元

能源与环境出版工程
丛书学术指导委员会

能源与环境出版工程
丛书编委会

总主编

翁史烈（上海交通大学原校长、教授、中国工程院院士）

执行总主编

黄　震（上海交通大学副校长、教授）

编　委（以姓氏笔画为序）

马重芳（北京工业大学环境与能源工程学院院长、教授）

马紫峰（上海交通大学电化学与能源技术研究所教授）

王如竹（上海交通大学制冷与低温工程研究所所长、教授）

王辅臣（华东理工大学资源与环境工程学院教授）

何雅玲（西安交通大学教授、中国科学院院士）

沈文忠（上海交通大学凝聚态物理研究所副所长、教授）

张希良（清华大学能源环境经济研究所所长、教授）

骆仲泱（浙江大学能源工程学系系主任、教授）

顾　璠（东南大学能源与环境学院教授）

贾金平（上海交通大学环境科学与工程学院教授）

徐明厚（华中科技大学煤燃烧国家重点实验室主任、教授）

盛宏至（中国科学院力学研究所研究员）

章俊良（上海交通大学燃料电池研究所所长、教授）

程　旭（上海交通大学核科学与工程学院院长、教授）

总　序

　　能源是经济社会发展的基础,同时也是影响经济社会发展的主要因素。为了满足经济社会发展的需要,进入 21 世纪以来,短短十余年间(2002—2017 年),全世界一次能源总消费从 96 亿吨油当量增加到 135 亿吨油当量,能源资源供需矛盾和生态环境恶化问题日益突显。世界能源版图也发生重大变化。

　　在此期间,改革开放政策的实施极大地解放了我国的社会生产力,我国国内生产总值从 10 万亿元人民币猛增到 82 万亿元人民币,一跃成为仅次于美国的世界第二大经济体,经济社会发展取得了举世瞩目的成绩!

　　为了支持经济社会的高速发展,我国能源生产和消费也有惊人的进步和变化,此期间全世界一次能源的消费增量 38.3 亿吨油当量竟有 51.3% 发生在中国! 经济发展面临着能源供应和环境保护的双重巨大压力。

　　目前,为了人类社会的可持续发展,世界能源发展已进入新一轮战略调整期,发达国家和新兴国家纷纷制定能源发展战略。战略重点在于:提高化石能源开采和利用率;大力开发可再生能源;最大限度地减少有害物质和温室气体排放,从而实现能源生产和消费的高效、低碳、清洁发展。对高速发展中的我国而言,能源问题的求解直接关系到现代化建设进程,能源已成为中国可持续发展的关键! 因此,我们更有必要以加快转变能源发展方式为主线,以增强自主创新能力为着力点,深化能源体制改革、完善能源市场、加强能源科技的研发,努力建设绿色、低碳、高效、安全的能源大系统。

　　在国家重视和政策激励之下,我国能源领域的新概念、新技术、新成果不断涌现;上海交通大学出版社出版的江泽民学长著作《中国能源问题研究》(2008 年)更是从战略的高度为我国指出了能源可持续的健康发展之路。为了"对接国家能源可持续发展战略,构建适应世界能源科学技术发展趋势的能源科研交流平台",我们策划、组织编写了这套"能源与环境出版工程"丛书,其目的在于:

一是系统总结几十年来机械动力中能源利用和环境保护的新技术新成果;

二是引进、翻译一些关于"能源与环境"研究领域前沿的书籍,为我国能源与环境领域的技术攻关提供智力参考;

三是优化能源与环境专业教材,为高水平技术人员的培养提供一套系统、全面的教科书或教学参考书,满足人才培养对教材的迫切需求;

四是构建一个适应世界能源科学技术发展趋势的能源科研交流平台。

该学术丛书以能源和环境的关系为主线,重点围绕机械过程中的能源转换和利用过程以及这些过程中产生的环境污染治理问题,主要涵盖能源与动力、生物质能、燃料电池、太阳能、风能、智能电网、能源材料、能源经济、大气污染与气候变化等专业方向,汇集能源与环境领域的关键性技术和成果,注重理论与实践的结合,注重经典性与前瞻性的结合。图书分为译著、专著、教材和工具书等几个模块,其内容包括能源与环境领域内专家们最先进的理论方法和技术成果,也包括能源与环境工程一线的理论和实践。如钟芳源等撰写的《燃气轮机设计》是经典性与前瞻性相统一的工程力作;黄震等撰写的《机动车可吸入颗粒物排放与城市大气污染》和王如竹等撰写的《绿色建筑能源系统》是依托国家重大科研项目的新成果新技术。

为确保这套"能源与环境"丛书具有高品质和重大的社会价值,出版社邀请了杜祥琬院士、黄震教授、王如竹教授等专家,组建了学术指导委员会和编委会,并召开了多次编撰研讨会,商谈丛书框架,精选书目,落实作者。

该学术丛书在策划之初,就受到了国际科技出版集团 Springer 和国际学术出版集团 John Wiley & Sons 的关注,与我们签订了合作出版框架协议。经过严格的同行评审,截至 2018 年初,丛书中已有 9 本输出至 Springer,1 本输出至 John Wiley & Sons。这些著作的成功输出体现了图书较高的学术水平和良好的品质。

"能源与环境出版工程"从 2013 年底开始陆续出版,并受到业界广泛关注,取得了良好的社会效益。从 2014 年起,丛书已连续 5 年入选了上海市文教结合"高校服务国家重大战略出版工程"项目。还有些图书获得国家级项目支持,如《现代燃气轮机装置》《除湿剂超声波再生技术》(英文版)、《痕量金属的环境行为》(英文版)等。另外,在图书获奖方面,也取得了一定成绩,如《机动车可吸入颗粒物排放与城市大气污染》获"第四届中国大学出版社优秀学术专著二等奖";《除湿剂超声波再生技术》(英文版)获中国出版协会颁发的"2014 年度输出版优秀图书奖"。2016 年初,"能源与环境出版工程"(第二期)入选了"十三五"国家重点图书出版规划项目。

希望这套书的出版能够有益于能源与环境领域里人才的培养,有益于能源与环境领域的技术创新,为我国能源与环境的科研成果提供一个展示的平台,引领国内外前沿学术交流和创新并推动平台的国际化发展!

2018 年 9 月

前　　言

　　建模与仿真是一种基础的科学工程方法,随着计算机技术的发展,其研究方法也有了新的发展,形成了一门崭新的综合性学科——系统建模与仿真,被喻为是"继科学理论和实验研究后的第三种认识和改变世界的工具"。系统建模与仿真最早起源于自动控制技术领域,至今已有近70年的历史。随着计算机软、硬件的发展以及工程方法的跨学科应用趋势,其从最初的电子、机械系统领域逐步延伸至机、电、液、热、气、电、磁等各专业领域,已发展成现代科学工程领域不可或缺的一种方法。热力系统是一种非常复杂、具有多学科交叉特性和自身独特属性的对象。为了更好地将建模与仿真的方法应用于热力系统的分析和试验中,迫切需要一部系统阐述热力系统建模与仿真方法及应用的著作。

　　全书共分四篇,第一篇为概念先导篇,主要对建模与仿真的基本概念进行了阐述;第二篇为建模篇,分别介绍了基于守恒方程的建模技术、数据驱动建模技术、混合建模技术和灰色模型四部分,涵盖了机理建模、数据驱动建模等热力系统常用的建模方法,为热力系统的建模提供了手段和方法;第三篇为仿真篇,对模块化建模与仿真技术、代数方程的求解方法、微分方程的求解方法进行了详细的介绍,为热力系统的仿真分析提供了指导;第四篇为实战应用篇,结合近年来的科研工作,给出了热力系统典型部件的建模过程和仿真模块库,在此基础上,以一些典型的热力系统为例,介绍了相应的系统仿真模型和结果。在成文过程中,为了避免不必要的重复,在正文之前添加了符号表和缩略语,各物理量和符号在文中不再进行重复说明。本书可作为热能动力专业的高层次人才培养教学用书,也可以供广大工程技术人员参考,尤其是热力系统仿真相关领域的管理及技术人员。

本书得以成稿,一方面是课题组各位老师的大力帮助,另一方面则是基于多年来研究生教学过程中对教学内容的整理和科研项目的结合。感谢课题组研究生陈金伟、马世喜、韦婷婷、梁茂宗以及李景轩等在本书编写过程中提供的帮助。

本书涉及面广,著者水平有限,存在疏漏谬误之处,恳请使用本书的专家、读者批评指正。

张会生　周登极

2018 年 3 月

符 号 表

第3章

u	研究对象的输入
y	研究对象的实际输出
$\hat{y}$	数据驱动模型的输出
e	研究对象与数据驱动模型的输出量之间的偏差
n	模型输出的阶次
m	模型输入的阶次
z^{-1}	滞后算子
x	状态变量
$f/g/h$	非线性函数
l	输入输出数据的长度
n_0	系统的实际阶次
J	损失函数
p	模型中独立参数的数目
e	最小二乘法拟合的残差
θ	待求参数
$w(i)$	目标对应权重
$\mathbf{W}$	权矩阵
$\hat{\theta}_w$	θ 的加权最小二乘估计值
x_i	输入数据
y_i	输出数据
l	训练集中训练数据的个数

第4章

n_1	燃气发生器转速
n_2	动力涡轮转速
P_1	压气机入口压力
T_1	压气机入口温度
ΔP_2	压气机出口压力的偏差
ΔT_2	压气机出口温度的偏差
ΔP_{34}	燃气发生器出口压力偏差
ΔT_{34}	燃气发生器出口温度偏差
ΔQ	压气机折合流量的偏差
ΔE	压气机效率的偏差
π	压气机压比

第5章

X	数据序列
D	序列算子
p	序列中数据个数
n	模型中因素的变量数
x	序列中单个数据
x_0	参考序列
x_k	比较序列
$\bar{x}$	序列的平均值
M	序列 X 的最大值
m	序列 X 的最小值
σ	样本标准差
ξ_{0i}	关联系数
γ	关联度
ρ	分辨系数
ε_{ij}	基于相似性视角的灰色关联度
ρ_{ij}	基于接近性视角的灰色关联度
ε_{pg}	三维灰色绝对关联度

第6章

P	压力
w	流量
T	温度
$\dot{q}$	热量
J	转动惯量
ω	转速
M	转矩

m	质量	P_{best_k}	粒子历史最优位置
c	比热	G_{best_k}	全局粒子历史最优位置
V	体积	$v_{\max}$	粒子最大速度
R	气体常数	c_1，c_2	加速系数
t	时间	α	布谷鸟算法步长
λ	热导率	P_a	布谷鸟发现外来蛋概率
δ	壁面厚度	E	神经网络能量函数
f	摩擦系数	**第8章**	
第7章		$y(x)$	常微分方程函数
m_i	物质进入控制容积	x	状态变量
m_e	物质离开控制容积	x_0	状态变量初值
m_2	控制容积最终贮存的质量	ρ	烟气密度
m_1	最初贮存的质量	$\dfrac{\mathrm{d}h}{\mathrm{d}t}$	烟气焓值变化率
E_2	系统最终贮存的能量	T_g	烟气温度
E_1	最初贮存的能量	$x(t)$	微分方程解析解
u	内能	h	步长
$V^2/2$	动能	**第9章**	
gz	重力位能	π	压比
δQ	过程可逆系统所吸收的热	n	转速
S	熵	G	流量
g	单位物量的吉布斯函数	P	压力,功率
c	多变过程比热	η	效率
γ	多变指数	SM	喘振裕度
$F(x)$	目标函数	GF	燃料量
$E(m_0)$	目标函数	H	焓
P	概率	ρ	密度
T	温度	k	绝热指数
α	退温速率	R	气体常数
L	步长	V	体积
d	搜索维度	ξ	燃烧室总压损失
Np	粒子数量	I	转动惯量
k	粒子更新迭代次数	K	平衡常数
		m	质量流量

n	气体组分体积分数	hl	热侧出口
HHV	煤的高热值	ce	冷侧进口
δ	厚度	cl	冷侧出口
Q	热量	sat	饱和态
C	流量系数	foul	污垢
Y	阀门开度	tube	管道
上标		F	Fanning 摩擦
第5章		H	水力直径
（0）	原始数据	atm	大气
（1）	一次处理后的数据	**第5章**	
下标		i	序列的第 i 个数据
第1章		**第6章**	
m	输入变量个数	p	定压比热
p	输出变量个数	**第9章**	
第2章		1	进口
e	进口	2	出口
l	出口	max	最大值
se	固体控制面进口	r	参考值
sl	固体控制面出口	in	进口
avg	平均	out	出口
y	纵向	c	压气机
x	横向	s	喘振边界
rad	辐射	f	燃料
fg	气化	B	燃烧室,气化反应
f	饱和液体	t	涡轮机
g	饱和气体	SC	水蒸气-碳反应
boil	沸腾	M	甲烷反应
gas	气体	cv	临界温度
shell	壳侧	sl	渣层
wall	管壁	g	气体
he	热侧进口	w	壁面

名称缩写及中英文对照

缩写	全称	中文全称
ARX	auto regressive exogenous	自回归平均模型
LMTD	logarithmic mean temperature difference	对数平均温差
AIC	Akaike's information criterion	赤池信息标准
NARX	nonlinear auto regressive exogenous	非线性自回归平均模型
FPE	final prediction error	最终预报误差准则法
LS	least square method	最小二乘法
IGV	inlet guide vanes	(压气机)进口导向叶片
GM	grey model	灰色模型
AGO	accumulating generation operator	累加生成算子
IAGO	inverse accumulating generation operation	累减生成算子
GA	genetic algorithm	遗传算法
SA	simulated annealing	模拟退火算法
PSO	particle swarm optimization	粒子群优化算法
CS	cuckoo search	布谷鸟算法

目　　录

第 1 篇　概 念 先 导 篇

第2篇 建 模 篇

第3篇 仿 真 篇

第1篇　概念先导篇

第1章　热力系统建模与仿真概论

热力系统建模与仿真技术是一种研究热力系统设计、分析、控制、运行及维护等的有效手段,通过建立数学模型以及仿真试验可以深入了解和掌握热力系统的行为特征和过程特性,并对热力系统的验证与指导提供有效的依据。本章主要针对热力系统的建模与仿真进行了简要叙述,包括基本概念、建模与仿真的发展历程以及建模与仿真基础三个部分。

1.1　热力系统建模与仿真基本概念

仿真是建立在计算机技术和数学模型基础之上的一门学科,它是以控制论、系统论、信息技术和相似原理为基础,以计算机和特定物理设备为工具的综合性技术,包括计算机仿真、系统建模、模型求解等多个部分。

1.1.1　仿真技术

仿真是对现实系统的某一层次抽象属性的模仿[1]。人们利用仿真模型进行试验,从中得到所需的信息,然后对现实世界的某一层次的问题做出决策。仿真是一个相对概念,任何逼真的仿真都只能是对真实系统某些属性的逼近。仿真是有层次的,既要针对所要处理的客观系统的问题,又要针对用户需求层次,否则很难评价一个仿真研究的优劣。

传统的仿真方法是一个迭代过程,即针对实际系统某一层次的特性(过程),抽象出一个模型,然后假设态势(输入),进行试验,由试验者判读输出结果和验证模型,根据判断的情况修改模型。如此迭代地进行,直到认为这个模型已满足试验者对客观系统的某一层次的仿真目的为止。目前主要的仿真技术包括仿真建模技术、计算机仿真技术、面向对象仿真技术、智能仿真技术、分布仿真技术和云仿真技术。

(1) 仿真建模技术。仿真建模是一门建立仿真模型并进行仿真实验的技术。建模活动是在忽略次要因素及不可测量变量的基础上,用物理或数学的方法对实际系统进行描述,从而获得实际系统的简化或近似反映。

（2）计算机仿真技术。计算机仿真是现代仿真技术的一个重要研究领域，是在综合仿真技术、计算机图形技术、传感技术等多种学科技术的基础之上发展起来的，其核心是建模与仿真，通过建立模型，对人、物、环境及其相互关系进行本质的描述，并在计算机上实现。

（3）面向对象仿真技术。面向对象仿真是当前仿真研究领域中最引人关注的研究方向之一。20世纪90年代发展起来的面向对象技术，给计算机仿真技术的发展带来新的生机。面向对象技术类似于人们对实际问题的自然的思维处理方式，它将客观世界（即问题领域）看成由一些相互联系的事物（即对象）组成。每个对象都有自己的内部状态和运动规律，不同对象间的相互作用和相互联系构成了完整的客观世界，问题的解由对象和对象之间的联系来描述。面向对象方法比较自然准确地描述了客观世界，从问题到分析设计阶段的映射是直接平滑的，因此用它开发出来的系统易于理解和维护。构成面向对象技术实现机制的核心是对象、类、消息、继承、封装和多态。

（4）智能仿真技术。智能仿真是把以知识为核心、人类思维行为做背景的智能技术引入整个建模与仿真过程，构造智能仿真平台。智能仿真技术的开发途径是人工智能与仿真技术的集成。

（5）分布仿真技术。分布仿真作为仿真技术的最新发展成果，它在高层体系结构上，建立了一个在广泛的应用领域内分布在不同地域上的各种仿真系统之间实现互操作和重用的框架及规范。分布仿真技术的基本思想就是使用面向对象的方法设计、开发及实现系统不同层次和粒度的对象模型，来获得仿真部件和仿真系统高层次上的互操作性与可重用性。

（6）云仿真技术。云仿真的概念是根据"云计算"的理念提出来的。云计算是指服务的交付和使用通过网络以按需、易扩展的方式获得所需的服务，它具有超大规模、虚拟化、可靠安全等特性。

1.1.2　计算机仿真

计算机仿真是一门以系统科学、计算机科学、系统工程理论、随机网络理论、随机过程理论、概率论、数理统计和时间序列分析等多个学科为基础的、以工程系统和各类社会经济系统为主要处理对象的、以数学模型和数字计算机为主要研究工具的新兴学科。系统的计算机仿真是指通过对动态系统仿真模型运行过程的观察和统计，获得系统仿真输出，掌握模型基本特性，推断被仿真对象的真实参数（或设计最佳参数），以期获得对仿真对象实际性能的评估或预测。

构造实际世界系统的模型和在计算机上进行仿真的相关复杂活动，主要包括三个部分和三个关系[2]。三个部分为实际系统、模型和计算机，三个关系为建模、仿真和评估,如图 1 - 1 所示。实际系统是仿真技术研究的对象,计算机是进行仿真技术研究所使用的工具,而应用恰当的模型描述系统是进行仿真研究的前提与核心。建模主要处理实际系统与模型之间的关系,仿真主要考虑计算机和模型之间的关系,评估主要是对仿真结果进行实际检验。

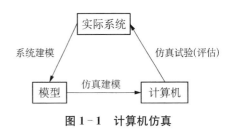

图 1 - 1　计算机仿真

1.1.3　系统建模

系统是指变量间存在因果关系的相互影响的元件的一个集合[3]。该定义最重要的特征就是告诉我们在系统建模与分析中必须考虑变量间的相互影响,而不是分开处理个体元件。

在分析一个系统的过程中,必须完成两个任务:系统建模和求解模型的响应。系统的响应一般取决于初始条件、自身的动态特性及一些外部激励;系统分析指的就是这些步骤的组合效应。

系统建模是对系统以方程的形式进行描述。建立一个系统模型的基础是系统元件和它们的相互作用所遵循的物理定律(如能量守恒和牛顿定律)。

对一个有多种类型的数学模型的系统,需要判断何种形式和复杂度的模型可以满足目标和可用资源一致的要求。

以汽车为例,为了确定系统模型的复杂性,必须忽略系统的一些特征。事实上,许多参数对于一个特定研究的目标并不重要。对于车辆的仿真,可能涉及直行或转弯操作舒适性、驾驶员舒适感、燃油效率、制动能力、抗撞性能、阵风、坑洞和其他障碍的影响。

假设只关心车辆通过一段崎岖路面时驾驶员的舒适性。系统关键部件表示在图 1 - 2(a)中。当轮胎由于路面受到运动突变时,底盘与车轴之间的悬挂系统将减小底盘的竖直运动,轮胎本身的弹性可抽象为车轮与路面间的弹簧。类似地将座椅引起的驾驶员与底盘间的缓冲作用简化为弹簧,将驾驶员与椅背间的摩擦作用简化为阻尼。本模型中我们不关心底盘的水平运动,仅考虑由于路面不平造成的竖直运动。此外,前轮遇到凸起物或下陷坑时,底盘前部将在后部之前上移或下移地颠簸,即还要考虑绕底盘质心的旋转。

一个系统模型的复杂度有时以独立储能元件数目来衡量的[4]。对图 1 - 2(a),能量可以存储在 4 个不同的质量块和 5 个不同的弹簧中。如果忽略颠簸效果,可以把前后轴合并为一个质量简化分析,如图 1 - 2(b)所示,仅剩 3 个质量块和 3 个弹簧。

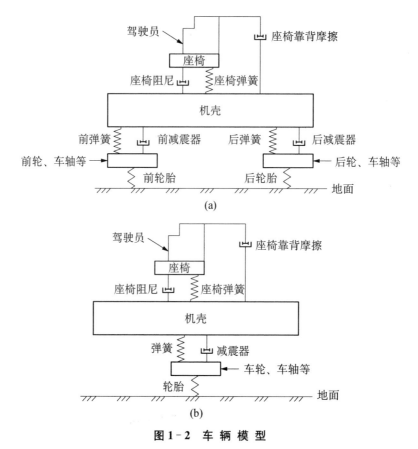

图 1-2　车 辆 模 型

(a) 车辆示意图;(b) 简化后的示意图

在分析初始阶段,可做其他的简化假设。图 1-2(b)中的部分元件可以忽略;对个别元件,可以使用一个更简单的数学模型。另一方面,采用图 1-2(a)中的模型全面研究崎岖路面对驾驶员的影响,可能还需要添加其他特征。例如,当前轴上1个或2个轮碰到凸起物或下陷坑时,其位移和受力不同于其他轮,因此需要把4个轮的每一个轮当作一个独立质量考虑。在系统分析的不同阶段往往需要采用不同的模型,其对系统特征表示的详细程度各不相同,往往代表分析人员当时的想法。

1.1.4　模型求解

模型求解是指使用数学模型确定参数间因果关系及特征的过程。例如特定激励的响应、结构变化对系统特性的影响等。

模型中涉及的方程类型对可用分析方法的范围有很大影响。例如,非线性微分方程很少能有解析形式的解,偏微分方程的求解远比常微分方程复杂。除了求取简单模型的解析解外,还可以采用计算机分析复杂模型在特定数值情况下的响应[5]。

求解模型时应当注意被分析的模型只是实际系统的一个近似数学描述,而不是物理系统本身。方程求解、结论分析的过程中需要一系列的假设和简化。往往一个模型将实际系统描述的越真实、精确,即不适用的假设越少,就越难得到通解。

一种常见的思路是先采用一个简化的模型进行仿真,获取解析解和一般规律,再针对特定需求采用计算机数值仿真,解决特殊问题。求解非常复杂的系统时,可对相似的硬件元件开发通用模块,缩短开发周期,降低数学模型的求解难度。

1.1.5　热力系统

热力系统是指热力学研究中作为分析对象选取的某特定范围内的物质或空间。这里泛指具有热功转换或者发生质能交换的物质体系。

根据热力系统与外界之间能量和物质的交换情况,可将热力系统做如下分类:

(1) 开口系:系统与外界既有物质交换又有能量交换的热力系统。开口系统中能量和质量都可以变化,但这种变化通常在某一划定的范围内进行,故又称为控制容积或控制体积系统。

(2) 闭口系:系统与外界只有能量交换而无物质交换的热力系统。闭口系内的质量保持恒定不变,故又称为控制质量系统。

(3) 绝热系:系统与外界无热量交换的热力系统。无论系统是开口系还是闭口系,只要没有热量越过边界(系统与外界无热量交换),就是绝热系。

(4) 孤立系:系统与外界既无能量交换又无物质交换的热力系统。孤立系统的一切相互作用都发生在系统内部,完全不受外界的影响。自然界中不存在孤立系统,孤立系统是热力学研究的抽象概念。

以火电厂热力系统为例,它是用汽、水管道将热力设备(如锅炉、汽轮机、水泵、热交换装置等)按一定顺序连接起来所组成的系统。为保证运行的安全、经济和灵活,火电厂热力系统通常由若干个相互作用、协调工作并具有不同功能的子系统组成,包括蒸汽中间再热系统、给水回热系统、对外供热系统、废热利用系统、蒸发器系统、旁路系统和疏水系统。

1.2　建模与仿真的发展历程

建模与仿真是一项基础的科学工程方法,具有悠久的历史,最早可以追溯至古人的仿鸟飞行模型以及古代造船业、建筑业的比例模型。电子计算机的出现使得上述研究方法有了新的发展,形成了一门崭新的综合性学科——系统建模与仿真,被喻为是"继科学理论和实验研究后的第三种认识和改变世界的工具"。系统建模与仿真最早起源于自动控制技术领域,至今已有近70年的历史。随着计算机软、硬件的发展以及工程方法的跨学科应用趋势,其从最初的电子、机械系统领域逐步延伸至机、电、液、热、气、电、磁等各专业领域,已发展成现代科学工程领域不可或缺的一种方法。

热力系统建模与仿真主要由三个核心部分组成,即热力系统、模型和仿真机。其中,热力系统与模型之间的关系称为建模,模型与仿真机之间的关系称为仿真。本节按建模和仿真两块内容分别介绍其历史变革及发展趋势。

1.2.1 热力系统建模

建模方法的发展主要经历了以下几个过程:①手工建模;②模块化建模;③自动化建模;④图形化自动建模。

手工建模是最为传统的建模方式,多采用人工编程的方式实现低级语言向高级语言的转化。随着系统的复杂程度增大,该建模方式需要花费大量的人力、物力和较长的时间才能完成一个系统的建模工作,效率低,模块不能重用,可读性和可维护性差,且对使用者计算机水平要求高,对建模与仿真技术发展带来了阻碍。20世纪80年代兴起的面向对象的分析和设计方法对建模技术的发展具有很大的影响,模块化建模是其重要的成果之一[6]。尤其是对于热力系统而言,其部件间界限明显,可以采用模块化思想预先对各部分建立规范化的通用数学模型,然后依照一定规律将其组合成整个系统模型[7]。模块化建模打破了传统建模方法在适用面上的局限性,且具有良好的交互性,不仅可以用于热力系统的运行培训,还可以用于系统状态分析、运行监测、故障诊断等方面。早在20世纪80年代国外就开始了自动化建模的研究工作[8]。同手工建模相比,自动化建模具有生产周期短、工作效率极高、使用方便、模块可以重用、可读性强、易于维护等优点。考虑到系统的复杂性和对象的广泛性,在自动化建模的基础上,一种面向对象的图形化自动建模方法应运而生,其效率高,使用方便,且对使用者计算机水平要求低,尤其适于研究人员。图形化自动建模是指用户在集成环境中利用图形化的方法组建自己的对象模型及控制方案,目前世界上比较成功的一个图形化的设计集成环境是 Matlab 的 Simulink。

1.2.2 热力系统仿真

进入21世纪,随着计算机技术的发展,仿真模型的内容也在不断地发生变化,建模的方法也在不断地变化。科技的迅猛发展对当今的建模方法论提出新的要求,包括但不限于下列内容。

(1)研究对象的日趋复杂化表明需探究复杂系统的建模方法。

（2）越来越高的精度和可信度要求研究提高模型精度的方法。

（3）需研究仿真模型简化、细化、聚合、解聚的方法。

（4）仿真越来越强的工程性，强调模型及其使用工具的标准化。

（5）模型的校验是现代建模仿真必备的一项过程。

（6）需建立完备的模型档案，对模型的属性及其建立过程加以记载和科学管理[9]。

（7）模型的交互性，要求能反映实体交互过程与实体之间的相互影响。

（8）需对模型的设计、实现、验证和管理等方面建立相应的标准，考虑重用仿真模型与新模型之间的一致性程度，要求开发出的模型能够重复使用[10]。

20 世纪 50 年代初，美国人 Aaron 借助大型的电子管计算机，利用最小二乘法进行滤波器的线性网络设计，被认为是计算机仿真的开端。从 20 世纪 80 年代起，仿真领域开始将建模技术、人工智能、知识工程、图形图像技术和程序设计自动化技术结合起来，产生了各种形式的仿真支持系统和仿真环境。1991 年，美国国家关键技术委员会在给总统的报告上指明：建模与仿真可以应用在几乎任何用其他方法需要进行繁重的试验，甚至根本不能实现的行业领域，从而奠定了建模仿真技术在现代工程领域的超前地位。进入 21 世纪，随着计算机技术和网络技术的发展，仿真技术不断与虚拟技术融合，促进人们对建模与仿真技术成为人们工作、生活和娱乐中不可缺失的一部分。仿真与建模系统和软件的需求迅速增长，Web 技术、VRML、XML、网格计算、大数据、云计算等先进技术将在仿真与建模中得到不断深入的应用。

总的来说，按计算机类型仿真技术大致分为四个阶段[11]。

（1）20 世纪 50 年代采用数学模型在模拟计算机上进行实验研究阶段，称为模拟仿真阶段。

（2）20 世纪 60 年代采用数学模型在数字计算机上借助数值计算方法进行的仿真实验阶段，称为数字仿真阶段。

（3）结合了模拟仿真和数字仿真的混合仿真阶段。

（4）20 世纪 80 年代以来，采用先进的微型计算机，基于专用的仿真软件、仿真语言实现的现代计算机仿真阶段。

下文主要从仿真语言和仿真软件两个方面介绍现代计算机仿真阶段。随着数字计算机的普及和控制技术的发展，近几十年来国内外出现了许多专门用于计算机数字仿真的语言与工具，组态和仿真软件平台工具也日渐成熟。发展至今，程序设计语言包括以下四类：①程序设计语言：FORTRAN、BASIC、C、MATLAB、VB、VC＋＋、JAVA 等；②连续系统仿真语言：CSMPIII、ACSL 等；③离散系统仿真语言：GPSS、SIMULA 等；④专业仿真语言：VRML、UML 等。组态仿真软件在实现工业控制的过程中免去了大量烦琐的编程工作,解决了长期以来控制工程人员缺乏计算机专业知识与计算机专业人员缺乏控制工程现场操作技术和经验的矛盾,极大地提高了工作效率。自 1955 年第一个数字仿真软件问世以来,仿真软件的发展分为 6 个阶段:①通用程序设计语言;②仿真程序包及初级仿真语言;③高级完善的商品化仿真语言;④一体化(局部智能化)建模与仿真环境;⑤智能化建模与仿真环境;⑥支持分布交互式仿真的综合仿真环境。

随着科技的日益发展,现代仿真技术将表现出以下几方面的发展趋势。

(1) 硬件方面:基于多 CPU 并行处理技术的全数字仿真将有效提高仿真系统的速度,大大增强数字仿真的实时性。

(2) 软件方面:直接面向用户的数字仿真软件不断推出,各种专家系统与智能化技术将更深入地应用于仿真软件的开发中,使得在人机界面、结果输出、综合评判等方面达到更为理想的境界。

(3) 分布式数字仿真:充分利用网络技术,协调合作,投资少,效果好。

(4) 虚拟现实技术:综合了计算机图形技术、多媒体技术、传感器技术、显示技术以及仿真技术等多学科,使人仿佛置身在真实环境之中。

1.3 建模与仿真基础

模型的建立与仿真是一个复杂的过程,对于一个系统的建模过程通常需要考虑其变量的分类、模型的类别、参数设置等各方面的问题。本节将主要介绍建模与仿真过程中的基础概念及相关要素。

1.3.1 变量分类

1) 输入变量

系统可用一个黑箱代替,如图 1-3 所示。系统可能有几个输入或激励,它们

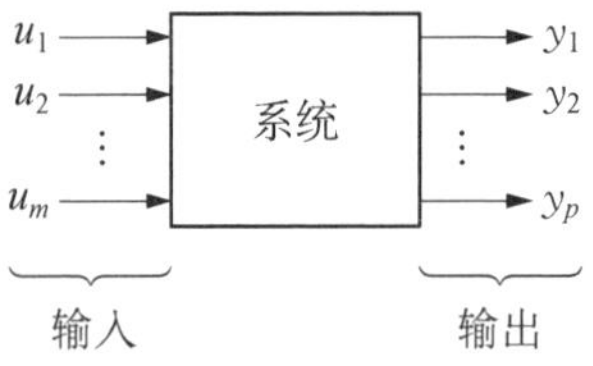

图 1-3 系统黑箱示意图

每一个都是时间的函数。典型的输入包括作用在一个物体上的力、作用在一个电路中的电压源、作用在一个装有液体的容器中的热源等。例如,对于图 1-2(a) 的汽车模型,输入量为底部垂直位移。在不涉及特定系统的研究中,一般用符号 $u_1(t)$, $u_2(t)$, $\cdots$, $u_m(t)$ 表示 m 个输入,在图 1-3 中就是指向黑箱的一组箭头。

2) 输出变量

输出量是指将要被计算或者测量的变量。典型输出包括物体的速度、电阻器两端电压、液体流过管道的流量等。对于图 1-2(a)中的模型,驾驶员的垂直加速

度可以作为一个输出变量。在图 1 - 3 中，p 个输出是用从箱子指出的一组箭头来代替，一般用 $y_1(t)$，$y_2(t)$，…，$y_p(t)$ 表示。想求得 $t \geqslant t_0$ 时刻的任一输出变量，必须知道 $t \geqslant t_0$ 输入变量以及之前的输入累积效应。建立数学模型的方法之一就是直接找到输出与输入变量相关联的方程，消除系统内其他不相关的变量。如果仅想获得输入与输出变量之间的关系，那么消除无关变量的方法或许比较可取。然而如果删除模型信息，可能会失去系统潜在而重要的特征。

3）状态变量

在动态建模过程中，通常会引入一系列状态变量，它不同于输出变量，但可包括一个或者几个输出变量。状态变量的选取应当保证它们在已知任意参考时间 t_0 的值和 $t \geqslant t_0$ 的任意时刻输入变量的值的条件下，足以确定在 $t \geqslant t_0$ 时刻的输出变量和状态变量的值。此外，状态变量必须是独立的，不能用一个包含其他状态变量的代数方程来表示状态变量。该方法

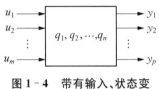

图 1 - 4　带有输入、状态变量、输出的一般系统示意图

对通过计算机求解多输入、多输出系统非常方便有效。在图 1 - 4 系统示意图的箱子中增加了用 $q_1(t)$，$q_2(t)$，…，$q_n(t)$ 表示的状态变量。不管输出变量如何选取，状态变量可以包括系统内部行为特征的所有重要方面。求解输出变量的方程由状态变量、输入量和时间的代数函数表示。

1.3.2　系统模型分类

根据在数学模型中使用的方程类型将模型分类，例如包括偏导数的偏微分方程、含有时变系数的时变微分方程和差分方程、常系数的常微分方程和差分方程。本节我们定义并主要讨论模型分类的方法，分类如表 1 - 1 所示[12]。

表 1 - 1　系统分类的准则

准则	分类	准则	分类
空间特性	集总参数(lumped)		可量化(quantized)
	分布参数(distributed)	参数变化	定常参数(fixed)
时间变量的连续性	连续(continuous)		时变参数(time-varying)
	离散(discrete-time)	叠加特性	线性(linear)
	连续-离散混合(hybrid)		非线性(nonlinear)
因变量的量化	不可量化(nonquantified)		

1.3.3 空间分布模型

一个分布特性系统中可定义的状态变量的对象可以是无穷的,而集总系统可以通过有限个状态变量进行描述。如图1-5(a)所示的一端固定在墙里面的挠性轴,在轴的另一端加一个扭转力,轴表面上某一点的扭转角度取决于其与墙的距离和施加的力。因此该轴本质上是离散的,可通过偏微分方程建模。然而,如果仅关心轴右端的扭转角度,可以用一个定系数 K 的旋转弹簧来表征轴的韧性,并用转动惯量 J 来表示轴固有属性。经过这些近似简化后,集总系统的结果如图1-5(b)所示。该模型一个非常重要的特征就是可用常微分方程描述。由于求解常微分方程远比求解偏微分方程容易、高效得多,因而明确模型功能,进行合理简化,将分布特性系统转化为集总近似模型非常重要。

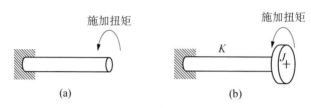

图1-5 扭转轴空间分布模型

(a)扭转轴;(b)集总参数近似

另一个分布特性系统的例子是包含线圈和铁芯的一个电感,如图1-6(a)所示。如果一个激励电源加在线圈的两端,那么在线圈的每一点上电压都不相等,这是分布特性系统的一个典型特征。为了建立一个与分布特性模型在端部计算结果非常近似的集总模型,用线圈的总电阻 R 和与电感效应相关联的磁场电感强度 L 来表示系统的固有属性,相应的集总模型如图1-6(b)所示。应当注意这两个例子中,集总系统中的两个元素并不与实际系统一致,转轴的刚度和转动惯量不能分开在两个物理单元中,同样电阻和电感也不能分开在两个线圈中。

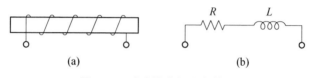

图1-6 感应器空间分布模型

(a)感应器;(b)集总参数近似

1.3.4　时间变量的连续性

动态系统分类的一个基本原则是考虑独立变量时间这个因素。连续系统是一个输入量、状态量和输出量被定义在连续的时间范围内(信号可能在波形上不连续或者在数学上不是连续方程)。时间离散系统中的变量由不同的时间瞬间确定,在这些时间瞬间之间是没有定义的内容。连续系统通常用微分方程描述,离散时间系统用差分方程描述。

例如系统中关联的连续和离散时间变量如图 1-7 中所示。事实上,图 1-7 (b)中所示的离散时间变量 $f_2(kT)$ 是依次取自连续变量 $f_1(t)$ 以 T 为时间划分单元对应的瞬时值。因此 $f_2(kT) = f_1(t)\,|_{t=kT}$($k$ 取整数)。事实上,一个离散时间变量可能由非常短时间(远小于 T)的脉冲或者驻留在电子回路里面的数字构成。无论哪种情况,变量都可用一串数字表示,一般离散变量采用相同的时间间隔。

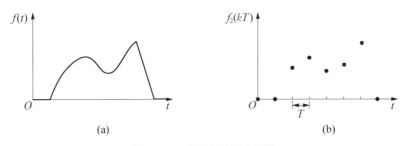

图 1-7　时间变量的连续性

(a) 连续;(b) 离散

同时包含离散时间和连续变量的子系统的系统属于混合系统。许多现代控制和通信系统包含一个数字计算机作为子系统,与计算机相关联的变量在时间上都是离散的,然而这些变量在系统的其他任何地方都是连续的。在这些系统中,采样设备用于对连续变量形成离散时间的格式,信号恢复设备用于从离散时间变量产生连续变量。

1.3.5　因变量的量化

系统变量除了受自变量时间的限制之外,可能会受限于一些特定的值。如果一个变量仅在一个有限范围内取有限个不同的数值,那么称为可量化。而一个变量如果在连续范围内任意取值,则称为不可量化。量化变量可能自然生成,也可能由非量化变量通过舍入或截断获得。

图 1-8(a)(b)中的变量都是不可量化的,而其他几幅图中的变量都是可量化的。尽管图 1-8(b)中的变量受限于 $-1 \leqslant f_b \leqslant 1$ 的区间,但是因为可以在区间内

取到一系列连续的值因而为不可量化变量。图1-8(c)中的变量f_c仅能在数字0和1中取值,是设备执行逻辑运算的信号形式。图1-8(d)中f_d变量仅能取到整数,尽管幅值没有其他任何量化的限制,仍然称为可量化变量。变量f_e是一个时间离散的变量,它当然属于可量化变量。

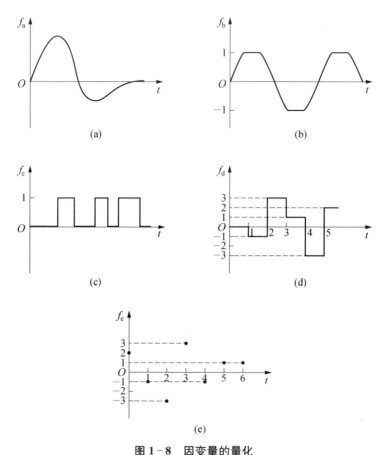

图1-8 因变量的量化

(a)(b) 不可量化;(c)(d)(e) 可量化

由于数字计算机生成的变量不仅在时间上离散,而且在幅值上量化(如f_e),因而称为数字变量。与之相反,图1-8(a)中的f_a变量不但连续而且是非量化的,具有模拟计算机信号的特征。因此,连续的、不可量化的变量通常称作模拟变量。

1.3.6 参数变化

系统可以根据参数或者变量的特征进行分类。时变系统的特征是系统中参数(如质量或者电阻值)随时间而变化,而其数值可能受环境因素(如温度和辐射等)

的影响,如火箭的质量随着燃料的燃烧而不断减小,线圈电感随着铁芯缓慢插入其中而不断变大。在描述时变系统的微分方程中,一些系数也是时间的函数。

对于固定或者时不变系统,其特征参数不会随时间改变,描述输入量、状态量和输出量关系的系统模型与时间无关。如果这样一个系统初始处于稳态,输入延时 t_d 时刻输出也就会延时 t_d,输出的大小和波形都不会发生任何改变。

1.3.7　叠加性

系统可以根据其是否遵循叠加性进行分类,这需要在系统初始处于稳态的时候判断是否满足以下两个试验:①输入变量乘以常数 α 时输出量也相应地乘以常数 α;②多变量同时输入产生的输出应当是单个变量单独输入产生的输出之和。线性系统满足叠加性条件,非线性系统则不满足。对于一个线性系统,构成模型的微分方程中的系数不依赖于激励的大小,然而对于非线性系统,至少部分系数是依赖于激励大小的。对于一个线性系统初始处于稳态,用一个常数乘以所有输入量之后输出量也乘以相同的常数。同样的,如果将输入量换成其导数(或者积分),则输出也会是相应的导数(或者积分)。

如果对输入的许可值不加以任何限制,那么几乎所有系统本质上都是非线性的。如果输入值被限制在一个充分小的区间,原本描述系统的非线性模型可以用线性模型来替代,其响应和非线性模型非常接近。

在其他应用中,系统中单元或关键参数的非线性本质是系统的关键特征,在模型中不应该被忽略。例如,机械阀门或者电子二极管用于设计根据正向或负向输入给出完全不同类型响应的系统;用于产生等幅振荡的设备通常在系统里包含了由于非线性元件所造成的振幅响应。

为了说明线性和非线性模型的区别,以单输入 $u(t)$ 和单输出 $y(t)$ 的系统为例,如果输入量和输出量服从如下微分方程式:

$$a_1 \frac{\mathrm{d}y}{\mathrm{d}t} + a_0 y(t) = b_0 u(t) \tag{1-1}$$

式中,a_0、a_1 和 b_0 可能是时间的函数但任何情况下不依赖于 $u(t)$ 或者 $y(t)$,则该系统为线性。然而,如果一个或者多个系数是输入量或者输出量的函数,如:

$$\frac{\mathrm{d}y}{\mathrm{d}t} + u(t)y(t) = u(t) \tag{1-2}$$

或

$$\frac{\mathrm{d}y}{\mathrm{d}t} + | y(t) | y(t) = u(t) \tag{1-3}$$

则该系统为非线性。

1.3.8 相似系统

使用符号不同、其他完全相同的方程来描述不同的系统,则称该两种系统拥有相似系统。如图 1-9 中描述的四个简单的系统。

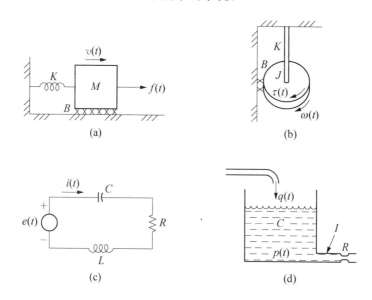

图 1-9 模 拟 系 统

(a) 平移机械;(b) 旋转机械;(c) 电气;(d) 水力

图 1-9 所示四个系统都有两个基本变量,且都是时间 t 的函数。对于平移机械系统,用在图中的变量有力 $f(t)$ 和速度 $v(t)$;对于旋转机械系统,扭矩 $\tau(t)$ 和角速度 $\omega(t)$;对于电气系统,电压 $e(t)$ 和电流 $i(t)$;对于水力系统,流量 $q(t)$ 和压差 $p(t)$。使用角位移、电荷替代速度、角速度和电流等变量也是可行的。为了便于简化,假设图 1-9 中所有元素都是线性的且在输入量加入系统之前没有能量储存在其中。

对于图 1-9(a)所示的平移系统,一个外部力 $f(t)$ 作用于一个物体 M,其运动受弹簧 K 和摩擦面 B 约束。对于图 1-9(b)中的旋转系统,一个扭矩 $\tau(t)$ 作用于一个圆盘,转动惯量为 J,受扭杆 K 和摩擦面 B 约束。对于图 1-9(c)中的电气系统,包含一个电感 L,一个电阻 R 和一个电容 C,该电路受电压源 $e(t)$ 激励。对于图 1-9(d)中,流体以一个已知流量 $q(t)$ 进入一个水容量为 C 的容器,在出口管处孔洞的流动阻力近似于 R，流体质量的惯性效应通常可以忽略，通过准确类比，用惯性 I 替代。

以下用于描述图 1-9 中的四个系统的方程，除了符号差异，其余完全一致。输入变量在方程的右侧，而输出变量在方程的左侧。

$$M\frac{\mathrm{d}v}{\mathrm{d}t} + Bv(t) + K\int_0^t v(\lambda)\mathrm{d}\lambda = f(t)$$

$$J\frac{\mathrm{d}\omega}{\mathrm{d}t} + B\omega(t) + K\int_0^t \omega(\lambda)\mathrm{d}\lambda = \tau(t)$$

$$L\frac{\mathrm{d}i}{\mathrm{d}t} + Ri(t) + \frac{1}{C}\int_0^t i(\lambda)\mathrm{d}\lambda = e(t)$$

$$C\frac{\mathrm{d}p}{\mathrm{d}t} + \frac{1}{R}p(t) + \frac{1}{I}\int_0^t p(\lambda)\mathrm{d}\lambda = q(t)$$

$$(1-4)$$

如果输入量完全相似，则相应的动态响应在形式上也会一致。在图中四个系统每个输入量提供的能量表达式分别是 $f(t)v(t)$、$\tau(t)\omega(t)$、$e(t)i(t)$ 和 $q(t)p(t)$。

对于类似系统的处理方法同样可以延伸到其他类型的系统中，比如热力、气动和声学系统。利用系统相似性的同时，需要注意到：①建模和分析方法能适用于一个很宽范围的物理系统是十分重要的；②单独处理一个系统类别的做法，在条件允许时往往更加可取。

参 考 文 献

[1] 汤涌.电力系统数字仿真技术的现状与发展[J].电力系统自动化,2002,26(17)：66-70.

[2] 介飞.复杂仿真系统中的行为建模方法研究[D].北京：北京理工大学,2014.

[3] 齐欢,王小平.系统建模与仿真[M].北京：清华大学出版社,2004.

[4] 森发.复杂系统建模理论与方法[M].南京：东南大学出版社,2005.

[5] 王行仁.建模与仿真的发展和应用[J].科技导报,2007,25(0702)：22-27.

[6] 王维平,赵雯,朱一凡.面向对象的仿真方法综述[J].国防科技大学学报,1999,(1)：37-40.

[7] 谢志武,陈德来.面向对象的燃气轮机仿真建模：综述与展望[J].热能动力工程,1998,(4)：243-246.

[8] 程芳真,蒋滋康.面向对象的图形化自动建模系统的研究[J].系统仿真学报,2000,12(1)：65-69.

[9] 杨明,张冰,王子才.建模与仿真技术发展趋势分析[J].系统仿真学报,2004,16(9)：1901-1904.

［10］安振波. 关于建模与仿真技术发展趋势分析［J］. 数字通信世界,2016,(4)：162.

［11］刘兴堂,吴晓燕. 现代系统建模与仿真技术［M］. 西安：西北工业大学出版社,2001.

［12］Close C M，Frederick D K，Newell J C. Modeling and analysis of dynamic systems ［M］. New York：John Wiley&Sons Inc,2002.

第 2 篇　建　模　篇

第 2 章　基于守恒定律的动态模型建立

本章将给出所有热力流体系统的动态仿真的基本关系式。质量、动量和能量守恒三个自然界的基本定律定义了这些热力系统的内在联系。在现代热力系统中,这三个定律可以用来仿真无数个部件,它们本身就具有广泛的不同的复杂性。

2.1　基本守恒方程的建立

下面首先来定义质量、动量和能量守恒的变化率关系[1, 2]。

质量生成率:在一个系统内质量不会生成也不会消灭。

动量生成率:在一个系统内动量的生成与施加于系统上的合力成一定的比率。

能量生成率:在一个系统内能量不会生成也不会消灭。

最后一个关系式也就是热力学第一定律的表述。这三个关系式是作为公理存在的,虽然没有得到证明,但是在宏观领域还没有违反这些关系式的事件发生,它们是自然界的基本定律。目前人们知道在微观领域,它们可能是不正确的。因为在微观领域所观测到的质量-能量守恒通常不用以上关系式表示,然而这些关系式却精确地反映了相当大的一个范围内的质量-能量守恒关系式。

这部分内容实质上是从以上三个基本关系式的应用到描述热力系统中各特殊部件基本关系式的一种归纳演绎。

2.1.1　偏微分方程表达式

下面我们从定量上给出这些关系式的具体表达。

质量生成率

$$\mathrm{OUT} - \mathrm{IN} + \frac{\mathrm{d}}{\mathrm{d}t}(\mathrm{STORAGE}) = 0 \qquad (2-1)$$

动量生成率

$$\text{OUT} - \text{IN} + \frac{\text{d}}{\text{d}t}(\text{STORAGE}) = \sum \text{FORCES} \tag{2-2}$$

能量生成率

$$\text{OUT} - \text{IN} + \frac{\text{d}}{\text{d}t}(\text{STORAGE}) = 0 \tag{2-3}$$

将这些关系式应用到一个任意方向的微分控制系统上,如图 2-1 所示。
质量生成率关系式应用如图 2-2 所示。

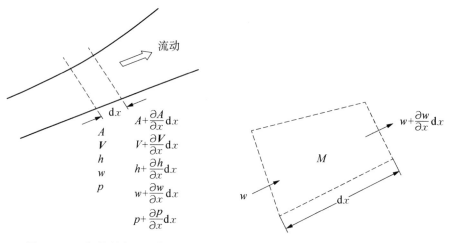

图 2-1 一般控制容积示意图　　　　　图 2-2 质量生成率

$$\text{ROC}(\text{Mass}) = 0$$

$$\text{OUT} - \text{IN} + \frac{\text{d}}{\text{d}t}(\text{STORAGE}) = 0$$

$$\left(w + \frac{\partial w}{\partial x}\text{d}x\right) - w + \frac{\partial M}{\partial t} = 0$$

$$\frac{\partial w}{\partial x}\text{d}x + \frac{\partial M}{\partial t} = 0 \tag{2-4}$$

这里,控制容体内的储存质量的变化率同通过控制面的质量流量的净变化率呈正比。

动量生成率关系式应用如图 2-3 所示。

$$\text{ROC}(\text{Momentum}) = \sum F$$

$$\text{OUT} - \text{IN} + \frac{\text{d}}{\text{d}t}(\text{STORAGE}) = \sum \text{FORCES}$$

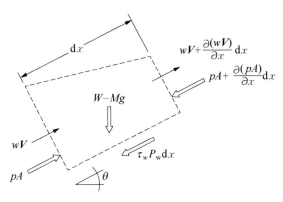

图 2 - 3　动 量 生 成 率

$$\left[w\boldsymbol{V}+\frac{\partial\left(w\boldsymbol{V}\right)}{\partial x}\mathrm{d}x\right]-w\boldsymbol{V}+\frac{\partial\left(M\boldsymbol{V}\right)}{\partial t}=$$

$$\left\{pA-\left[pA+\frac{\partial\left(pA\right)}{\partial x}\mathrm{d}x\right]-\tau_{w}P_{\mathrm{w}}\mathrm{d}x-W\sin\theta\right\}$$

$$\frac{\partial\left(w\boldsymbol{V}\right)}{\partial x}\mathrm{d}x+\frac{\partial\left(M\boldsymbol{V}\right)}{\partial t}=-\left[\frac{\partial\left(pA\right)}{\partial x}\mathrm{d}x+\tau_{w}P_{\mathrm{w}}\mathrm{d}x+W\sin\theta\right]\qquad(2-5)$$

式(2-5)中最后等式的左边第一项是经过控制面的动量流量。第二项是控制容积内动量的变化率。等式右边第一项是作用于表面上的压力,与流动方向垂直。右边第二项是虚拟引出的作用于壁面流体上的切应力,这一项总是与流体流动方向相反。右边第三项是作用在控制容积内质量体上的力。一般地,重力是唯一主要的质量力,但是这一项有可能包含由电磁力等引起的外力。

式(2-4)与式(2-5)有同样的形式,在质量和动量间都有基本的微分式。质量是标量,动量是矢量。也就是说,除了质量有大小外,动量还有方向。一般的,动量和速度都用长度和方向来表示矢量。式(2-5)实际上是动量在特殊方向的表达。动量守恒关系式用来分析多维系统如管道作用力就变得非常重要了。

能量生成率关系式应用如图 2-4 所示。

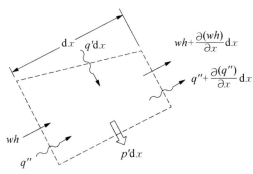

图 2 - 4　能 量 生 成 率

图 2-4 中 p' 为单位长度控制容积的轴功；q' 为单位长度控制容积的传热量；q'' 为通过流体的轴向传热量。

整个比能量包含内能、势能和动能：

$$e = u + gz + \frac{\mathbf{V}^2}{2} \tag{2-6}$$

由于流体在控制面上做功，质量经过控制面对流传热焓可方便地得出：

$$h = e + \frac{p}{\rho} \tag{2-7}$$

显然，q'、q''、p' 的正负号具有一定的物理意义。如果是负值，对于热量来说，说明控制体对外放热，传热来自控制容积；对于做功来说，轴功作用于控制容积。由于方程中能量包含了动能，这里所标记的焓应该是滞止焓。

$$\mathrm{ROC(Energy)} = 0$$

$$\mathrm{OUT} - \mathrm{IN} + \frac{\mathrm{d}}{\mathrm{d}t}(\mathrm{STORAGE}) = 0$$

$$\left[wh + \frac{\partial(wh)}{\partial x}\mathrm{d}x + q'' + \frac{\partial q''}{\partial x}\mathrm{d}x + p'\mathrm{d}x \right] - (wh + q'' + q'\mathrm{d}x) + \frac{\partial(eM)}{\partial t} = 0$$

$$\frac{\partial(wh)}{\partial x}\mathrm{d}x + \frac{\partial q''}{\partial x}\mathrm{d}x + p'\mathrm{d}x - q'\mathrm{d}x + \frac{\partial(eM)}{\partial t} = 0 \tag{2-8}$$

式(2-4)、式(2-5)和式(2-8)给出了质量、动量和能量守恒的基本关系式。在研究目的不同时，可以采用不同的方法对以上关系式进行变换。通常情况下，可以利用以下关于质量、密度、压力、温度等常用参数之间的基本关系进行方程变量的变换。

$$w = \rho VAM = \rho A\,\mathrm{d}xW = Mgq'' = -kA\frac{\partial T}{\partial x} \tag{2-9}$$

式(2-4)变为

$$\frac{\partial(\rho V)}{\partial x} + \frac{\partial \rho}{\partial t} + \frac{\rho V}{A}\frac{\mathrm{d}A}{\mathrm{d}x} = 0 \tag{2-10}$$

或

$$\frac{\partial \rho}{\partial t} + \rho\frac{\partial \mathbf{V}}{\partial x} + \mathbf{V}\frac{\partial \rho}{\partial x} + \frac{\rho \mathbf{V}}{A}\frac{\mathrm{d}A}{\mathrm{d}x} = 0 \tag{2-11}$$

式(2-5)变为

$$\frac{\partial(\rho \mathbf{V}^2)}{\partial x} + \frac{\partial(\rho \mathbf{V})}{\partial t} = -\left(\frac{\partial p}{\partial x} + \frac{\tau_w P_\mathrm{w}}{A} + \rho g\sin\theta \right) \tag{2-12}$$

或

$$\frac{\partial(\boldsymbol{V})}{\partial t} + V\,\frac{\partial \boldsymbol{V}}{\partial t} = -\left(\frac{1}{\rho}\,\frac{\partial p}{\partial x} + \frac{\tau_w P_w}{A} + \sin\theta\right) \tag{2-13}$$

式(2-8)变为

$$\frac{\partial(\rho \boldsymbol{V} h)}{\partial x} + \frac{1}{A}\left(\frac{\partial q''}{\partial x} + p' - q'\right) + \frac{\partial(\rho e)}{\partial t} = 0 \tag{2-14}$$

或

$$\frac{\partial h}{\partial t} + \boldsymbol{V}\,\frac{\partial h}{\partial x} - \frac{1}{\rho} - \frac{k}{\rho}\left(\frac{\partial^2 T}{\partial x^2} + \frac{1}{A}\,\frac{\mathrm{d}A}{\mathrm{d}x}\,\frac{\partial T}{\partial x}\right) - \frac{q' - p'}{\rho A} = 0 \tag{2-15}$$

式(2-9)~式(2-14),这 6 个等式在它们推导所用的假设限制里是非常严谨的。不论是多相系统还是单相系统,它们都是适用的。

以上偏微分关系构成了热力系统中流动过程的基本守恒方程,可以用于处理热力系统各部件中守恒关系的处理。但是,只有在特殊例子中这些偏微分方程的直接求解才有可能。

为了采用常规的数值求解方法,有必要将这些等式转化为常微分方程,以便适合于数值求解和仿真应用。对热力系统中大多数仿真分析而言,基于常微分方程的数值求解方案是最实际的解决方法。

2.1.2　常微分方程表达式

以上所建立的偏微分方程通过使用两种数学方法可以转化为常微分方程:Leibniz 法则和 Divergence 定理[3]。

Leibniz 法则

$$\int_V \frac{\partial}{\partial t} f(x,\,t)\mathrm{d}V = \frac{\mathrm{d}}{\mathrm{d}t}\int_V f(x,\,t)\mathrm{d}V - \oint f(x,\,t)(\boldsymbol{V}_s \circ \mathrm{d}A) \tag{2-16}$$

Divergence 定理

$$\int \frac{\partial f(x,\,t)}{\partial x}\mathrm{d}V = \oint[f(x,\,t) \circ \mathrm{d}A] \tag{2-17}$$

式中,符号 $\int_V$ 表示在整个控制容积上积分;符号 $\oint$ 表示在控制体表面上进行积分。$f(x,\,t) \circ \mathrm{d}A$ 或者 $f(x,\,t)\boldsymbol{V}_s \circ \mathrm{d}A$ 的运算可理解为矢量乘积,$\mathrm{d}A$ 方向指外,与控制面方向垂直。这些积分中,不论 $f(x,\,t)$ 还是 $f(x,\,t)\boldsymbol{V}_s$ 都是有方向的。

V_s 在 Leibniz 法则中是控制面的速度。

将这两个等式代入式(2-10)、式(2-12)和式(2-14),并沿控制容积对它们积分。

1) ROC(质量)

对式(2-10)逐项积分:

$$\int_V \frac{\partial(\rho \boldsymbol{V})}{\partial x}dV = \oint \rho(\boldsymbol{V} \circ d\boldsymbol{A}) \tag{2-18}$$

$$\int_V \frac{\partial \rho}{\partial t}dV = \frac{d}{dt}\int_V \rho dV - \oint \rho(\boldsymbol{V}_s \circ d\boldsymbol{A}) \tag{2-19}$$

重新整理得

$$\frac{d}{dt}\int_V \rho dV = \oint \rho(\boldsymbol{V}_s \circ d\boldsymbol{A}) + \oint \rho(\boldsymbol{V} \circ d\boldsymbol{A}) \tag{2-20}$$

$$\frac{d}{dt}\int_V \rho dV - \oint \rho[(\boldsymbol{V} - \boldsymbol{V}_s) \circ d\boldsymbol{A}] = 0 \tag{2-21}$$

$$\frac{dM}{dt} - w_e + w_l = 0 \tag{2-22}$$

从式(2-21)可以简化为更一般形式(见式(2-22)),其中 w_e 和 w_l 是根据控制面进入和离开控制容积的流量,速度 $\boldsymbol{V}$ 和 $\boldsymbol{V}_s$ 是惯性参量。这个定义会贯穿本书使用。

2) ROC(动量)

式(2-12)逐项积分,忽略交叉面区域的变化,有

$$\int_V \frac{\partial(\rho \boldsymbol{V}^2)}{\partial x}dV = \oint \rho \boldsymbol{V}(\boldsymbol{V} \circ d\boldsymbol{A}) \tag{2-23}$$

$$\int_V \frac{\partial(\rho \boldsymbol{V}^2)}{\partial x}dV = \frac{d}{dt}\int \rho \boldsymbol{V}dV - \oint \rho \boldsymbol{V}(\boldsymbol{V}_s \circ d\boldsymbol{A}) \tag{2-24}$$

$$-\int \frac{\partial \rho}{\partial x}dV = -\oint(p \circ d\boldsymbol{A}) \tag{2-25}$$

假设切应力不变:

$$-\left(\frac{\tau_w P_w}{A}\right) = -\frac{\partial\left[-\left(\frac{\tau_w P_w}{A}\right)L\right]}{\partial x} \tag{2-26}$$

和

$$-\int \frac{\tau_w P_w}{A}\mathrm{d}V =-\oint \frac{P_w L}{A}(\tau_w \circ \mathrm{d}A) =-\tau_w L P_w \tag{2-27}$$

$$-\int \rho \mathrm{g}\sin \theta \mathrm{d}V =-gM\sin \theta \tag{2-28}$$

整理得

$$\int \rho \boldsymbol{V}(\boldsymbol{V}\circ \mathrm{d}A) +\frac{\mathrm{d}}{\mathrm{d}t}\int \rho \boldsymbol{V}\mathrm{d}V -\oint \rho \boldsymbol{V}_{\mathrm{s}}(\boldsymbol{V}\circ \mathrm{d}A) =$$
$$-\left[\oint (p\circ \mathrm{d}A) +P_w L\tau_w +gM\sin \theta \right] \tag{2-29}$$

$$\frac{\mathrm{d}}{\mathrm{d}t}\int \rho \boldsymbol{V}\mathrm{d}V +\oint \rho \boldsymbol{V}\left[(\boldsymbol{V}-\boldsymbol{V}_{\mathrm{s}})\circ \mathrm{d}A\right] =$$
$$-\left[\oint (p\circ \mathrm{d}A) +P_w L\tau_w +gM\sin \theta \right] \tag{2-30}$$

$$\frac{\mathrm{d}(M\boldsymbol{V})}{\mathrm{d}t} +\left[w_{\mathrm{l}}(\boldsymbol{V}_{\mathrm{l}}-\boldsymbol{V}_{\mathrm{sl}}) -w_{\mathrm{e}}(\boldsymbol{V}_{\mathrm{e}}-\boldsymbol{V}_{\mathrm{se}})\right] =-\left[(p_{\mathrm{l}}A_{\mathrm{l}}-p_{\mathrm{e}}A_{\mathrm{e}}) +P_w L\tau_w +gM\sin \theta \right]$$
$$\tag{2-31}$$

等式(2-31)中,左边第一项是系统总动量的变化率,第二项是动量流。所有这些等式都表达了涉及控制面时的流量和涉及惯性参量时的速度。

3) ROC(能量)

等式(2-14)逐项积分:

$$\int \frac{\partial (\rho \boldsymbol{V}h)}{\partial x}\mathrm{d}V =\oint \rho h(\boldsymbol{V}\circ \mathrm{d}A) \tag{2-32}$$

$$\frac{1}{A}\int \frac{\partial q''}{\partial x}\mathrm{d}V =\frac{1}{A}\oint q''\mathrm{d}A \tag{2-33}$$

$$\frac{1}{A}\int p'\mathrm{d}V =p \tag{2-34}$$

$$\frac{1}{A}\int q'\mathrm{d}V =q \; \frac{1}{A}\int q'\mathrm{d}V =q \tag{2-35}$$

$$\int_V \frac{\partial (e\rho)}{\partial t} =\frac{\mathrm{d}}{\mathrm{d}t}\int_V (e\rho)\mathrm{d}V -\oint e\rho \boldsymbol{V}_{\mathrm{s}}\circ \mathrm{d}A \tag{2-36}$$

已知 $e=h-p/\rho$,整理可得

$$\oint \rho h(\boldsymbol{V}\circ \mathrm{d}A) +\frac{1}{A}\oint q''\circ \mathrm{d}A +P -q +$$

$$\frac{d}{dt}\int_V (e\rho)\,dV - \oint \rho\left(h - \frac{p}{\rho}\right)\boldsymbol{V}_s \circ dA = 0 \tag{2-37}$$

$$\oint \rho h\,(\boldsymbol{V} - \boldsymbol{V}_s) \circ dA + \oint p\boldsymbol{V}_s \circ dA +$$

$$\frac{1}{A}\oint q'' \circ dA + P - q + \frac{d}{dt}\int_V (e\rho)\,dV = 0 \tag{2-38}$$

$$\frac{dE}{dT} + (w_1h_1 - w_eh_e) + (p_1\boldsymbol{V}_{sl} - p\boldsymbol{V}_{se})A + (q_1 - q_e) + P - q = 0 \tag{2-39}$$

式(2-39)中,第一项$\dfrac{dE}{dT}$是整个控制体中储存能量的变化率;第二项$(w_1h_1 - w_eh_e)$是质量转移引起的能量流;第三项$(p_1\boldsymbol{V}_{sl} - p\boldsymbol{V}_{se})$是通过表面移动引起的作用于系统边界上的功。

将式(2-22)、式(2-31)和式(2-39)得到的质量、动量和能量的最终结果整理可得

$$\frac{dM}{dt} = w_e - w_1 \tag{2-40}$$

$$\frac{d(M\boldsymbol{V})}{dt} = \left[w_e(\boldsymbol{V}_e - \boldsymbol{V}_{se}) - w_1(\boldsymbol{V}_1 - \boldsymbol{V}_{sl})\right] +$$

$$(p_eA_e - p_1A_1) - P_w\tau_w - gM\sin\theta \tag{2-41}$$

$$\frac{dE}{dt} = (w_eh_e - w_1h_1) + (p_eA_e\boldsymbol{V}_{se} - p_1A_1\boldsymbol{V}_{sl}) + (q_e - q_1) + P - q \tag{2-42}$$

从这一组方程来看,再回过头对在2.1.2节和2.1.2节所做的工作分析,这对理解守恒方程的物理意义有所帮助。开始是在一个微分控制系统里进行分析,得到两套3个偏微分等式来表达质量、动量和能量守恒关系式。经过一些合理的数学处理,可以把其中的一套3个偏微分方程转变为一套3个常微分方程来表达同样的守恒关系式。很显然,常微分方程组相比较而言会更容易理解,且更容易处理,也使得在用于热力系统分析时可以有各种各样的求解方法和方案。

但是我们从这组方程中真正得到什么? 什么也没有! 质量守恒的等式表明增加更多的东西进入一个控制体相比从这个控制体拿出东西,会增加这个控制体的质量。动量守恒的等式表明增加与另一个物体摩擦会减少系统的总动量。能量守恒的等式表明加入热量到一个容器中会使得这个容器更热。公式中的每一项都有合理的表示,而且有正确的符号表示。它们都有明确的物理意义,任何对热力学熟悉的学生都可以熟练地知道这些结果。

经过推导得出这三个等式的真正价值是定义了这些关系式的准确形式,让我们知道在等式中不再包含任何多余的项了。所有在移动边界上流体做功的令人头疼的问题都随之消失了。

关于等式(2-40)～等式(2-42)有一点需要说明的是:2.1.2 节最后指出的关于偏微分方程组的式(2-10)、式(2-12)和式(2-14)及式(2-11)、式(2-13)和式(2-15)在数学推导上是非常严谨的;同理,关于常微分方程组的式(2-40)～式(2-42)也是正确的。这些等式对包含任何相态和部件系统的一维分析都是非常严格的。

2.1.3　守恒方程的变换

通过以上的分析和推导,首先使我们得到了严谨的等式(2-40)～等式(2-42),但还有一些不足,即这三个等式实质上没有什么直接的用处。举个例子来说,1 000 kg 的水,在总能为 50 000 kcal(1 kcal=4.184 kJ)时,其温度是多少,压力是多少? 这些基本问题用以上方程似乎无法回答。因为我们经常总是想要表达这些可测量,但上述方程无法直接表达。

为了定义系统状态,需要用强度特性来表示。在热力系统分析中,通常碰到的强度量热力学特性参数有:密度、比内能、比焓及比熵。很明显,我们也会碰到广延特性的参量如压力和温度。对于蒸汽系统而言,在饱和区,压力和温度不是相互独立的;除此之外,任何两个特性参数可以决定系统状态。也就是说,所有其他的特性参数可以由两个相互独立的特性参数来定义。

因此,必须根据强度量特性参数重新给出式(2-40)、式(2-41)和式(2-42)。比内能 u 和密度 ρ 将是明显的选择。这里需要强调的是,我们引入假设条件,即流体的势能和动能同显热和潜能相比可忽略不计,因此在能量方程中,可简单认为,$U = E$。对三个等式的左边进行处理,可得

$$\frac{\mathrm{d}M}{\mathrm{d}t} = \frac{\mathrm{d}(\rho V)}{\mathrm{d}t} = \rho\,\frac{\mathrm{d}V}{\mathrm{d}t} + V\,\frac{\mathrm{d}\rho}{\mathrm{d}t} \tag{2-43}$$

$$\frac{\mathrm{d}(MV)}{\mathrm{d}t} = \frac{\mathrm{d}}{\mathrm{d}t}\Big(\rho V\,\frac{w}{\rho A}\Big) = \frac{\mathrm{d}}{\mathrm{d}t}\,\frac{(Vw)}{A} = \frac{1}{A}V\,\frac{\mathrm{d}w}{\mathrm{d}t} + \frac{1}{A}w\,\frac{\mathrm{d}V}{\mathrm{d}t} \tag{2-44}$$

$$\frac{\mathrm{d}E}{\mathrm{d}t} = \frac{\mathrm{d}U}{\mathrm{d}t} = \frac{\mathrm{d}(\rho Vu)}{\mathrm{d}t} = \rho V\,\frac{\mathrm{d}u}{\mathrm{d}t} + \rho u\,\frac{\mathrm{d}V}{\mathrm{d}t} + Vu\,\frac{\mathrm{d}\rho}{\mathrm{d}t} \tag{2-45}$$

将这些式子代入式(2-40)～式(2-42),可得

$$\frac{\mathrm{d}M}{\mathrm{d}t} = w_{\mathrm{e}} - w_{\mathrm{l}} \tag{2-46}$$

$$\frac{\mathrm{d}w}{\mathrm{d}t} =$$

$$\frac{\left\{\left[w_e(\boldsymbol{V}_e - \boldsymbol{V}_{se}) - w_1(\boldsymbol{V}_1 - \boldsymbol{V}_{s1})\right] + (p_e A_e - p_1 A_1) - P_w L \tau_w - gM\sin\theta - \frac{w}{A}\frac{\mathrm{d}V}{\mathrm{d}t}\right\}}{V/A}$$

$$(2-47)$$

$$\frac{\mathrm{d}u}{\mathrm{d}t} =$$

$$\frac{\left[(w_e h_e - w_1 h_1) + (p_e A_e \boldsymbol{V}_{se} - p_1 A_1 \boldsymbol{V}_{s1}) + (q_e - q_1) + q - P - (w_e - w_1)u\right]}{\rho V}$$

$$(2-48)$$

尽管大多数分析是在固定的控制容积中进行。但为了使方程具有通用性,在这里的分析中,我们仍保留了 $\mathrm{d}V/\mathrm{d}t$ 项及控制面速度项。

等式(2-46)、等式(2-47)和等式(2-48)给出了具有集总参数特性的 ρ、u 及流量 w。请注意,它们不再是质量、动量和能量方程,因为质量守恒关系式已经结合进等式(2-48)了。因此这些等式变成了系统方程。

然而,困难依然存在。这些方程给出的是集总参数特性关系式,我们必须在集总特性参数和边界控制面参数如 w_e、p_1、h_e 等之间建立联系。很明显,这个问题可通过对式(2-48)在一种简单条件下的动态过程的检验来进行描述。

考虑一个绝热管道,控制面固定,没有任何进出环境的换热或轴向导热,也没有任何轴功。假设流量不变,即 $w_e = w_1$。而且,假定流体做功忽略,即集总焓 $h = u$。等式(2-48)则简化为

$$\frac{\mathrm{d}h}{\mathrm{d}t} = \frac{w(h_e - h_1)}{\rho V} \qquad (2-49)$$

目前的问题是需要定义一个关系式,来描述在管道内的集总焓 h 与进入及离开的焓之间相互关系。很明显,通常的做法是定义 h_{avg} 作为进入和离开的焓的平均值。这个平均值作为一个状态来维持,离开焓 h_1 可以由进入的焓 h_e 和平均值 h_{avg} 经线性外推得到。

$$\frac{\mathrm{d}h_{avg}}{\mathrm{d}t} = \frac{w(h_e - h_1)}{\rho V} \qquad (2-50)$$

$$h_{avg} = \frac{(h_e + h_1)}{2} \Rightarrow h_1 = 2h_{avg} - h_e \qquad (2-51)$$

基于这种假设的建模方法在动态仿真中的不足主要在于对进口焓快速变化所

作的动态响应过程。如图 2-5 所示为 h_e 阶跃降低的情况下系统焓的动态响应。

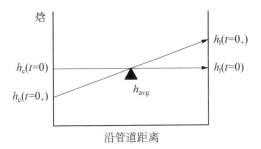

图 2-5　系统焓的动态响应过程示意图

由于 h_{avg} 不可能立即发生变化，因此它的值在时间 $t = 0_+$ 时，还无法感受到 h_e 的阶跃降低所产生的影响。然而，从等式（2-51）看出，出口焓对于入口焓的降低所产生的响应是增加而不是减少！可以把 h_{avg} 看作一个支点，h_1 与 h_e 沿相反方向变化。很明显，对这个例子的类推，就得到了这种称为"see-saw"（跷跷板现象或秋千）的动态响应。

从自然界的基本规律出发，很容易对图 2-5 进行质疑。焓的瞬时变化不会发生，但是非常快的变化却可以发生。由于 T_1 到 T_e 的非物理规律的响应（错误的动态响应），上述公式将不能用于控制模型，否则会导致控制系统错误响应。上述模型表明，当冷水喷入进口时，出口的温度将会上升，如果在该模型的基础上建立控制模型，将不可能产生鲁棒的控制算法。

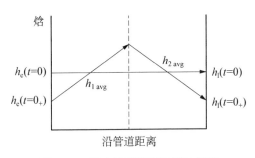

图 2-6　两个控制容积连接示意图

如图 2-6 所示是将两个控制容积进行连接，这样似乎可以解决进口变化对出口变化错误响应的问题。但这毕竟是一种假象，将一系列控制容积进行连接无法从根本上改善模型的表述，但一定会增加计算代价。

对这个两节点的模型，出口焓在响应入口焓快速变化的情况下至少沿正确的方向移动，但是响应得太快了。

事实上，非常明显，任何由奇数个节点组成的模型其初始响应是一致的，即出口焓对入口焓的变化的响应方向是相反。同样的，任何有偶数节组成的模型的初始响应是一致的，即与入口焓的变化响应一致。但是，这样的"正确的"瞬时响应也是没有物理意义的。

这里最本质的问题是：将表示集总参数特性的这些状态（比焓或比内能）设定在哪里（出口还是进口）？这个问题在出口焓的定义上凸显出来了。已知由平均值和简单线性外推所产生的存贮（积累）效应会得出无法接受的结果。另外，更加复杂的外推方法有可能可以解决这个问题。比如，Lagrange 插值利用好几个节点的平均值和用高阶插值格式对出口进行外推计算来描述存贮（积累）效应。这里推荐使用最简单的方法，即认为存贮（积累）效应发生在出口，这样从物理意义上来讲具有一定的道理,并且不会引起"跷跷板"现象,可以用于控制模型。

图 2-7 所示为一近似"流动罐容器",其过程可看作一个移动容积。

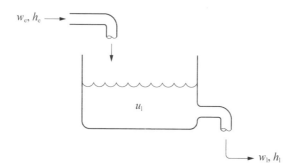

图 2-7 流动罐容器

在这种近似下,式(2-50)变为

$$\frac{\mathrm{d}h_\mathrm{l}}{\mathrm{d}t} = \frac{w(h_\mathrm{e} - h_\mathrm{l})}{\rho V} \tag{2-52}$$

有人会提出怀疑,这个近似对罐式容积来说非常好,但应用在具有长输运时间的系统如管道时就会存在局限性。这一点需要大家进行思考,我们后续会对长输运时间的系统的处理进行详细分析。

同样的分析可以应用在式(2-46),可得

$$\frac{\mathrm{d}\rho_\mathrm{l}}{\mathrm{d}t} = \frac{\left(w_\mathrm{e} - w_\mathrm{l} - \rho_\mathrm{l}\dfrac{\mathrm{d}V}{\mathrm{d}t}\right)}{V} \tag{2-53}$$

然而,式(2-47)既可用于 w_e,也可用于 w_l,因为这个状态是流体通量(flux variable)而不是流体性质。

将等式(2-46)、等式(2-47)和等式(2-48)整理为

$$\frac{\mathrm{d}\rho_\mathrm{l}}{\mathrm{d}t} = \frac{\left(w_\mathrm{e} - w_\mathrm{l} - \rho_\mathrm{l}\dfrac{\mathrm{d}V}{\mathrm{d}t}\right)}{V} \tag{2-54}$$

$$\frac{\mathrm{d}w}{\mathrm{d}t} =$$

$$\frac{1}{\left(\dfrac{V}{A}\right)}\left\{\left[w_\mathrm{e}(\boldsymbol{V}_\mathrm{e} - \boldsymbol{V}_\mathrm{se}) - w_\mathrm{l}(\boldsymbol{V}_\mathrm{l} - \boldsymbol{V}_\mathrm{sl})\right] + (p_\mathrm{e}A_\mathrm{e} - P_\mathrm{l}A_\mathrm{l}) - p_\mathrm{w}L\tau_\mathrm{w} - gM\sin\theta - \frac{1}{A}w\frac{\mathrm{d}V}{\mathrm{d}t}\right\}$$

$$\tag{2-55}$$

$$\frac{\mathrm{d}u_1}{\mathrm{d}t} = \frac{1}{\rho V}\left[(w_\mathrm{e}h_\mathrm{e} - w_1h_1) + (p_\mathrm{e}A_\mathrm{e}\boldsymbol{V}_\mathrm{se} - p_1A_1\boldsymbol{V}_\mathrm{sl}) + (q_\mathrm{e} - q_1) + q - p - (w_\mathrm{e} - w_1)u_1\right]$$

$$(2-56)$$

由流体特性等式可知：

$$P = f(u, \rho) \qquad\qquad (2-57)$$

$$h = u + \frac{p}{\rho} \qquad\qquad (2-58)$$

与其他的方程一起，如定义了传热量、壁面切应力等本构关系以及 w_e 或 w_1、h_e、$\mathrm{d}V/\mathrm{d}t$、$\boldsymbol{V}_\mathrm{se}$ 和 $\boldsymbol{V}_\mathrm{sl}$ 等变量的边界条件式，这 5 个等式就完全定义了系统的响应情况。它们可以用于近似罐容积，以分析相关系统的瞬态性能。

由于 u、ρ 是定义流体特性的状态变量，可用来定义系统，因此该方程可以转换成 u–ρ 形式。

2.1.4　守恒方程的其他表达形式

尽管式(2-54)～式(2-58)提供了一套完整的方程组，但该方程组给出的是 u、ρ 的变化情况，在使用上不是特别直观和方便。由于流体做功项的使用，通常情况下，焓作为代表"能量"变量。大多数工程人员不会对 u、ρ 有直观的感觉；甚至最有经验的分析人员也很少根据 u、ρ 来定义其他的流体特性。而且，工程上也很少有图或表利用这两个变量的函数来提供其他特性。更为不利的是，这两个变量没有哪一个是可以直接测量的变量。

此外，关于 u–ρ 方程组最大的不便还在于，当其他的蒸汽–水特性参数是比内能和密度的函数时，它们本身在所有区(单相或多相)内都没有可用的函数来表示。以过冷区(临界压力线以下，饱和液态焓以下区域)蒸汽和水的压力–焓图为例，我们可以看到温度线和比容线几乎是垂直的。压力变量不再重要，所有特性几乎完全由焓来定义。由于比容是密度的简单倒数，而且在这个区内，内能实质上就等于焓，由此得出这样的结论：在这个区内根据内能和密度来定义压力几乎就是在寻找两条几乎平行的线的交叉处，这种状况称为"坏条件"。与之相反情况称为"好条件"的压力–焓特性等式，在这个区甚至可以用压力和焓两条几乎垂直的线的交叉处定义其他特性。

为了找到解决这些缺陷的方程，我们给出两套其他形式的方程。这两套方程组均是从上述 5 个等式得出，因此，这两套方程组与上述 5 个等式的使用条件完全相同。

2.1.4.1　压力–焓(p–h)形式的守恒方程

我们可以利用焓的定义和相关定律来将等式(2-54)和等式(2-56)转换为压

力和焓的变化率公式。利用式(2-58)定义的焓，可以将方程(2-54)变换成

$$
\begin{aligned}
\frac{\mathrm{d}(\rho V u)}{\mathrm{d}t} &= \frac{\mathrm{d}}{\mathrm{d}t}\left[\rho V\left(h - \frac{p}{\rho}\right)\right] \\
&= \frac{\mathrm{d}}{\mathrm{d}t}(\rho V h) - \frac{\mathrm{d}}{\mathrm{d}t}(V p) \\
&= \rho V \frac{\mathrm{d}h}{\mathrm{d}t} + \rho h \frac{\mathrm{d}V}{\mathrm{d}t} + V h \frac{\mathrm{d}\rho}{\mathrm{d}t} - V \frac{\mathrm{d}p}{\mathrm{d}t} - p \frac{\mathrm{d}V}{\mathrm{d}t}
\end{aligned}
\tag{2-59}
$$

密度是压力和焓的唯一函数。因此，可以应用相关定律来将密度导数转换为压力和焓的导数的函数。

$$
\frac{\mathrm{d}\rho}{\mathrm{d}t} = \left.\frac{\partial \rho}{\partial p}\right|_h \frac{\mathrm{d}p}{\mathrm{d}t} + \left.\frac{\partial \rho}{\partial h}\right|_p \frac{\mathrm{d}h}{\mathrm{d}t}
\tag{2-60}
$$

将上述两式代入质量和能量关系式(2-40)和式(2-42)：

$$
V\left(\frac{\partial \rho}{\partial p}\frac{\mathrm{d}p}{\mathrm{d}t} + \frac{\partial \rho}{\partial h}\frac{\mathrm{d}h}{\mathrm{d}t}\right) + \rho \frac{\mathrm{d}V}{\mathrm{d}t} = w_e - w_1
\tag{2-61}
$$

$$
\rho V \frac{\mathrm{d}h}{\mathrm{d}t} + \rho h \frac{\mathrm{d}V}{\mathrm{d}t} + V h \frac{\mathrm{d}\rho}{\mathrm{d}t} - V \frac{\mathrm{d}p}{\mathrm{d}t} - p \frac{\mathrm{d}V}{\mathrm{d}t}
$$
$$
= (w_e h_e - w_1 h_1) + (p_e A_e \boldsymbol{V}_e - p_1 A_1 \boldsymbol{V}_1) + (q_e - q_1) + q - p
\tag{2-62}
$$

整理出压力和焓的导数式，可得

$$
\frac{\mathrm{d}p}{\mathrm{d}t} = \frac{\left[\left(\frac{\rho}{\partial \rho / \partial H} + h\right)(w_e - w_1) - \rho\left(\frac{\rho}{\partial \rho / \partial h} + \frac{p}{\rho}\right)(w_1 h_1 - w_e h_e - q + p) + (q_1 - q_e) + (p_1 A_1 \boldsymbol{V}_1 - p_e A_e \boldsymbol{V}_e)\right]}{V\left(1 + \rho \frac{\partial \rho / \partial P}{\partial \rho / \partial h}\right)}
$$

$$
\frac{\mathrm{d}h_1}{\mathrm{d}t} = \frac{\left[(w_e h_e - w_1 h_1 + q - p) + (q_e - q_1) + (p_e A_e \boldsymbol{V}_e - p_1 A_1 \boldsymbol{V}_1) + \left(h_1 - \frac{1}{\partial \rho / \partial p}\right)(w_1 - w_e) + \left(p - \rho h - \frac{\rho}{\partial \rho / \partial p}\right)\frac{\mathrm{d}V}{\mathrm{d}t}\right]}{V\left(\rho + \frac{\partial \rho / \partial h}{\partial \rho / \partial p}\right)}
\tag{2-64}
$$

如果假定控制体容积不变，并忽略轴向传热时，这些表达式可简化为

$$
\frac{\mathrm{d}p}{\mathrm{d}t} = \frac{\left[\left(\frac{\rho}{\partial \rho / \partial h} + h_1\right)(w_e - w_1) + (w_1 h_1 - w_e h_e - q + p)\right]}{V\left(1 + \rho \frac{\partial \rho / \partial p}{\partial \rho / \partial h}\right)}
\tag{2-65}
$$

$$\frac{\mathrm{d}h_1}{\mathrm{d}t} = \frac{\left[(w_e h_e - w_1 h_1 - q + p) + \left(h_1 - \frac{1}{\partial \rho / \partial p}\right)(w_1 - w_e)\right]}{V\left(\rho + \frac{\partial \rho / \partial h}{\partial \rho / \partial p}\right)} \qquad (2-66)$$

而在 p-h 形式下,动量关系式(2-56)保持不变。

p-h 形式显然要优于 u-ρ 形式,因为焓是一个更加普遍使用的特性参数。在水蒸气和其他工质流体大多数的特性图表中,其压力和焓都是独立变量。当然,应用上述公式的不足之处是需要引入密度偏导数,这将会增加计算代价。

此外,如果方程式包含有依赖于特性参数偏导数时,其不足之处则在于:在某些特定工作区内,特性参数的非线性特性会对计算产生影响。在系统状态临近饱和液态边界时,液体特性将变得完全非线性。尤其在低压下,系统状态从两相区缓缓地向饱和区或过冷区移动时,密度将会有好几个数量级的变化[4]。以 p-h 为基础的关系式则不得不采用足够小的时间步长,以使得在时间步长内特性参数偏导可采用线性化处理。如果时间步长太大的话,质量和能量将无法守恒。而以 u-ρ 为基础的关系式不会受到这种限制,因为这样所选择的特性参数存在内在守恒性。密度的积分总可以得到质量,比内能 u 的积分总可以得到能量。因此,u-ρ 常在低压下使用,而 p-h 常在高压下使用。

2.1.4.2　压力-温度(p-T)形式守恒方程

另一个非常有用的质量能量关系式是 p-T 形式:

$$\begin{aligned} \mathrm{d}h &= \left.\frac{\partial h}{\partial T}\right|_p \mathrm{d}T + \left.\frac{\partial h}{\partial T}\right|_T \mathrm{d}p \\ &= c_p \mathrm{d}T + \left.\frac{\partial h}{\partial p}\right|_T \mathrm{d}p \end{aligned} \qquad (2-67)$$

然而,温度形式的公式广泛用于有以下许多假设的简单分析中:①流量不变 ($w_e = w_1$);②定容积($\mathrm{d}V/\mathrm{d}t = 0$);③固定控制面($\boldsymbol{V}_{se} = \boldsymbol{V}_{sl} = 0$);④忽略轴向传热($q''_e = q''_1 = 0$);⑤忽略流体做功($h = u$);⑥忽略压力随焓变化($\partial h / \partial p = 0$)。

在这些假设下,等式(2-48)简化为形式

$$\frac{\mathrm{d}T_1}{\mathrm{d}t} = \frac{[w c_p (T_e - T_1) + q - p]}{\rho V c_p} \qquad (2-68)$$

尽管等式(2-68)基于很多假设,受到很多限制,但当应用于具体场合时,它还是有很大的价值。在许多应用中,这些假设是完全合理的,且这个方程最吸引人的地方还在于它的简单。如果仅仅为了反映系统的动态响应特性(不太要求非常高的精度),该方程是我们的优先选择;因为它含有基本的能量关系式,同时也非常简单。而且,其最大优点是建立在可测量变量的基础上:p、T、w。

我们已介绍了三套公式来分析质量和能量关系：$u-\rho$、$p-h$ 和 $p-T$。这三套方程每一套都有其优点和不足,每一套都有自己最适用的场合。正如我们所指明的,任何两个特性参数都可用作独立变量(饱和区内 p、T 除外)。

压力-焓形式,即等式(2-65)和等式(2-66),对分析人员来说是最方便的。如果需要进行的是一些简单的描述性说明,建议采用等式(2-68)来进行系统分析。当然,等式(2-47)给出的动量式使用也很广泛。

2.2　常规辅助方程的建立

在上一节中,我们推导了常微分方程来表达质量、动量和能量关系。在完成这些守恒方程的推导之后,会发现动量和能量关系式各自包括壁面切应力项和传热项。要完成对守恒方程的求解,就必须获取这些变量和关系式的基本表达。根据流体特性和流场特性来描述这些现象的公式,称为守恒方程的辅助方程。

在空间中,定义这些现象的基本关系式可由两个偏微分等式来描述。考虑如图2-8所示的二维系统。

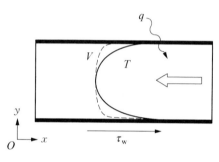

图2-8　二维系统

壁面切应力 τ_w 和对流传热率 q,分别由两个经典公式来描述:

傅里叶传热定律:

$$\frac{q_y}{A} = -k\frac{\partial T}{\partial y} \qquad (2-69)$$

牛顿黏性定律:

$$\tau = -\mu\frac{\partial V_x}{\partial y} \qquad (2-70)$$

从系统建模的角度出发,这里将不去详细地分析这些公式的基本推导过程,也不深入讨论针对各种场景和工作条件的有丰富经验和分析的关系式。这里只是给出在大多数热力系统(如蒸汽-水和空气-燃气系统等)中最常用的一些关系式。在上一节的推导中,我们致力于将描述质量、动量和能量守恒的偏微分方程转换为更易求解的常微分方程,本节的主要任务则是将式(2-69)和式(2-70)简化为可用的代数方程。

2.2.1 传热过程

式(2-69)是描述传热的最基本关系式,但可以直接用于固体内的导热和层流对流换热。但在大多数热力系统分析中,层流很少发生,只有在黏性很大的流体或者在流速非常低的常规流体中才会出现。

实际上,在描述热力系统各部件对流和辐射换热时,通常会采用经验公式。构造这些经验公式时,必须对基本理论有很深的理解,在大量实验的基础上,所提出的基本形式必须符合采用理论分析所建立的公式框架。通常情况下,会引入一些量纲为1的特性参数作为这些经验公式的变量,这些量纲为1的特性参数在工程科学中有很强的物理含义。Reynolds、Prandtl、Dittus、Boelter、Hottle、Martinelli、Nelson 及其他人的工作为这些经验公式的建立做出了巨大贡献,从而奠定了热力系统设计的基础。

这些量纲为1的特性参数的理论基础其实就是这些简单的基本传热关系式,它适用于具有宽广特性范围的各种流体。表征各种流体及其流动区域的量纲为1的特性参数具有天然的简单性,这些量纲为1的特性参数其实是施加于流体上的各种力的比值,它们决定或强烈地影响着流体的各种传热流动等特性。比如,雷诺数(Re)是施加在流体上的惯性力与黏性力的比值。直观上来看,这个比值在分析流体流动和传热上很重要,这一点看上去也非常合理。格拉晓芙数(Gr)是自然对流浮力与黏性力的比值,在分析自由或自然对流传热上也很重要。同样的,努塞尔数(Nu)是对流传热系数与导热系数的比,在描述传热时有其重要性。

在确定使用哪个量纲为1的特性参数以描述哪种流动及传热现象时,必须以理论知识和大量实验特性为基础。在接下来的章节中,我们将对一些基本关系式作更详细的阐述。

2.2.1.1 热传导

导热是指在物理接触中,通过分子运动从流体或物体的一部分将热传给其他部分,这是最简单的传热方式。其基本关系可以由式(2-69)的傅里叶导热定律来描述。

热力系统分析中经常碰到的是通过管壁的导热,如图 2-9 所示。

式(2-69)只能用于一维传热计算,对图 2-9 所示的管壁热传导而言,由于它是径向对称的,所以可以利用式(2-69)来描述。可认为在长为 L 的管道内从内壁温 T_1 向外壁温 T_2 是以稳定的速率进行热传导的。

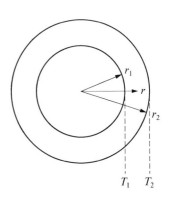

图 2-9 管壁导热示意图

因此,在本例中传热量仅仅是半径 r 的函数,式(2-69)可以简化为常微分方程

$$\frac{q}{A} = -k\frac{\mathrm{d}T}{\mathrm{d}r} \tag{2-71}$$

$$\frac{q}{2\pi rL} = -k\frac{\mathrm{d}T}{\mathrm{d}r} \tag{2-72}$$

重新整理可得

$$\mathrm{d}T = -\frac{q}{2\pi kL}\frac{\mathrm{d}r}{r} \tag{2-73}$$

将方程(2-73)沿径向从 r_1 到 r_2,温度从 T_1 到 T_2 进行积分,可求得 q:

$$\int_{T_1}^{T_2}\mathrm{d}T = -\frac{q}{2\pi kL}\int_{r_1}^{r_2}\frac{\mathrm{d}r}{r}$$

$$T_2 - T_1 = -\frac{q}{2\pi kL}(\ln r_2 - \ln r_1)$$

$$= -\frac{q}{2\pi kL}\ln\left(\frac{r_2}{r_1}\right) \tag{2-74}$$

$$q = -2\pi kL\frac{(T_2 - T_1)}{\ln\left(\frac{r_2}{r_1}\right)}$$

2.2.1.2 对流换热

对流换热是流体流动过程中的热传递。速度梯度的存在使温度分布的分析变得复杂。对于层流流动来说,其温度分布存在解析解。而对于湍流来说,没有一个完全满意的分析方法可以使用,所有有效的关联式都是半经验的。

一般地,对流换热的分析都是由雷诺数决定的,雷诺数是施加在流体上的惯性力与黏性力的比值。雷诺数定义为

$$Re = \frac{\rho VD}{\mu} \tag{2-75}$$

式中,V 为速度;D 为特征尺度;μ 为绝对黏度。

由于惯性力与速度的平方成正比,黏性力与速度成正比,我们希望在低速时黏性力占主导作用,而在高速时惯性力占主导作用。在参考文献[4]中,从不同的侧面给出了换热与雷诺数之间的关系,这些关联式既适用于水、蒸汽和烟气等不同流体,也适用于加热或冷却等不同的换热过程。

1) 管道内层流(黏性)—— $Re < 2\,300$

$$h_i = 1.86\frac{k}{d_i}\left(\frac{\mu}{\mu_s}\right)^{0.14}\left(RePr\frac{d_i}{L}\right)^{1/3} \tag{2-76}$$

式中，h_i 为在管道控制面上的传热系数（W/($m^2 \cdot$ K)）；k 为在集总温度下流体的热传导率（W/(m・K)）；μ 为在集总温度下流体的绝对黏度（N・s/m^2）；μ_s 为在表面温度下流体的绝对黏度（N・s/m^2）；Re 为雷诺数（见式(2-75)）；Pr 为普朗特数（$Pr = c_p\mu/k$）；d_i 为管道内径（m）；L 为管道传热长度（m）。

2）管道内湍流——$Re > 12\,000$

$$h_i = 0.023 \frac{k}{d_i} Re^{0.8} Pr^{0.4} \left(\frac{T_b}{T_f}\right)^{0.8} \tag{2-77}$$

式中，T_b 为集总温度（K）；T_f 为薄膜温度（1/2 平均控制面＋T_b）（K）。

3）管道外湍流

$$h_o = 0.287 \frac{k}{d_o} Re^{0.61} Pr^{0.33} F_a \tag{2-78}$$

式中，d_o 为管道外径（m）；F_a 为管道排列因子。

式(2-78)中的排列因子 F_a 是一个非线性的经验因子，是关于雷诺数的函数，与管道排列几何形状有关，其范围为 0.3～1.1。读者可查阅参考文献[4]。有关排列因子这里不再详述，因为在动态分析中它们用处不大。

在用式(2-76)、式(2-77)和式(2-78)进行设计计算和动态分析计算时，式(2-78)中对排列因子的处理方法是完全不同的两个概念。在设计计算中，设计人员最看重的是设计精度，对于计算代价可忽略不计，因此方程中各参数可以按照设计要求进行详细求解。而动态分析计算中对于每一步计算所需要的计算代价是有相应限制的，其计算成本或计算时间是动态模型，尤其是实时模型必须考虑的重要因素。

好在动态分析不需要拘泥于系统设计所需要涵盖的细节，它可以对设计计算的模型进行简化。动态分析主要关心的是系统从一个设计点到另一个设计点变化时是如何运行的，因此，在动态分析时，我们可以将影响设计结果的多个参数进行分组整合，提炼出一些可以反映系统性能的变量。例如，对等式(2-77)进行简化，其中比较典型的动态分析表达式为

$$h_i = Kw^{0.8} \tag{2-79}$$

式中，参数 K 包含下列设计信息

$$K = 0.023 \frac{k}{d_i} \left(\frac{4}{\pi d_i \mu}\right)^{0.8} Pr^{0.4} \left(\frac{T_b}{T_f}\right)^{0.8} \tag{2-80}$$

类似地，等式(2-78)可表示为

$$h_o = Kw^{0.6} \tag{2-81}$$

在建立动态分析模型时,可为每一个等式正确选择 K 的值,使得式(2-79)和式(2-81)会与式(2-78)和式(2-80)在设计点完全匹配。随着运行点偏离设计点,它们也会发生偏离。在设计计算模型中,可以反映流体特性参数变化情况以及排列因子的变化情况,但这里给出的动态模型则不会反映这些参数的变化所造成的误差。此外,误差的大小依赖于运行工况离开设计工况有多远,以及在动态模型中对设计计算中所忽略的这些因素有多大的敏感性。

这里,以水和过热蒸汽这样一个相当典型的极端范围内的运行工况为例进行说明。利用式(2-80)可以观察流体特性参数的变化所引起的变化量。考虑流量从 100% 降为 10%,$2\,000$ psia① 的水从 500 F 降为 200 F,过热蒸汽从 $1\,000$ F 降为 700 F。表2-1对其中的差异进行了总结。

表 2-1　流体特性参数变化量

	$w^{0.8}$（归一化）	$k\mu^{-0.8}Pr^{0.4}$（归一化）	
		水	过热蒸汽
$w = 100\%$	1		
$p = 2\,000$ psia, $T = 500$ F		1	
$p = 2\,000$ psia, $T = 1\,000$ F			1
$w = 10\%$	0.16		
$p = 2\,000$ psia, $T = 500$ F		0.65	
$p = 2\,000$ psia, $T = 1\,000$ F			0.52

表2-1表明:在式(2-77)中,流量是影响性能最主要的变量。当运行工况从设计点(流量)偏离 10% 时,流量项的变化超过 80%;同时,水的特性项变化约为 30%,过热蒸汽特性项变化约为 50%。由于这些项是相乘的,当用式(2-79)来替代式(2-77)进行模型简化处理时,在运行工况偏离到设计工况的 10%(流量)时,其误差在 $30\%\sim50\%$ 之间。由于物性变化主要出现在动态黏度项中,对式(2-79)进行完善,增加动态黏度的影响,则可以获得一个稍微复杂的较完善的表达式:

$$h_i = Kw^{0.8}\mu^{-0.4} \tag{2-82}$$

表2-2总结了这两个关系式在负荷从 100% 变化到 10% 时的变化情况。

---

① psia,磅力每平方英寸(绝对),压力的非法定单位,1 psia=1 lbf/in² $=6.894\,76\times10^3$ Pa。

表 2－2　考虑动态黏度的流体特性参数变化量

	$k\left(\dfrac{w}{\mu}\right)^{-0.8}Pr^{0.4}$（归一化）		$w^{0.8}\mu^{-0.4}$（归一化）	
	水	过热蒸汽	水	过热蒸汽
$w=100\%$				
$p=2\,000\text{ psia},\ T=500\text{ F}$	1		1	
$p=2\,000\text{ psia},\ T=1\,000\text{ F}$		1		1
$w=10\%$				
$p=2\,000\text{ psia},\ T=500\text{ F}$	0.10		0.10	
$p=2\,000\text{ psia},\ T=1\,000\text{ F}$		0.21		0.17

表 2－2 表明式(2－82)在计算水时与式(2－77)非常相近,对蒸汽的计算结果也得到改善。表 2－1 中利用式(2－79)计算蒸汽有 50% 的误差,采用式(2－82)后已减少了 20% 的误差(0.17 与 0.21 相比)。

在本节中所讨论的误差大小如 20%、30%,甚至 50%,对一些工程师来说会有一定的困惑。事实上,在动态模型分析中强迫对流换热会经常用式(2－79)这个关系式,前面分析时指出在计算蒸汽时达到 50% 的误差,这一点在设计计算中无论如何也无法接受。但在动态分析中却可以接受,其主要原因如下:

(1) 与设计分析相比,动态分析精确性并不重要。在大多数动态分析中,最重要的判别标准是该变量(如温度、流量、压力)向什么方向变化以及以多快的速度变化,而并不关心其是否绝对精确。

(2) 在动态仿真中,我们所关心的变量的结果对一些特定系数并不敏感。例如,在对传热过程的分析中,传热量是我们关注的重点,传热系数 20% 的误差并不会导致传热量 20% 的误差。许多模型都有内部补偿,如果传热系数偏低,其温差将会增加以进行补偿。

2.2.1.3　辐射传热

物体间相互发射辐射能和吸收辐射能的传热过程称为辐射传热。理想辐射是由一个称为黑体的理想辐射源发射的,由 Stefan-Boltzmann 定律可得

$$q_r = \sigma A T^4 \qquad (2-83)$$

式中,q_r 为辐射热流;σ 为 Stefan-Boltzmann 常数($5.67\times10^{-8}\text{W}/(\text{m}^2\cdot\text{K}^4)$);$A$ 为物体表面积;T 为物体绝对温度。

温度为 T_1 和 T_2 的两个理想辐射源之间的换热量为

$$q = \sigma A(T_1^4 - T_2^4) \qquad (2-84)$$

非理想体之间的辐射换热,尤其对于一些复杂几何体(如管道),其求解将变得非常困难。它受发射率 ε 即物体本身的影响,ε 是实际物体发出的辐射热与在同样温度下由黑体发出的辐射热之比。同时,它还受到辐射发出的波长、物理布局以及辐射体的几何形状的影响。在锅炉计算中,气体和固体之间的辐射传热也非常重要。由于锅炉烟气主要由水蒸气和二氧化碳组成,它们是主要的辐射源,并且这两种气体有不同的辐射特性,因此必须考虑在烟气占据的整个空间中的辐射和吸收,而不是仅仅考虑固定的表面的辐射换热,这就使得锅炉计算中的辐射换热模型大大复杂化。

对动态建模而言,就像前面所指出的那样,对于这些现象的详细描述将不是特别重要。与对流换热的处理方式类似,我们假定详细的设计已经完成,可以将表示辐射换热相关的物理项、几何项及发射率项等归并为一个常数,建立辐射换热的简化表达式,此式仅保留起决定作用的动态项(温度):

$$q = K(T_1^4 - T_2^4) \tag{2-85}$$

在后续章节中,我们将讨论热阻网络。定义一个辐射换热系数对于传热过程的统一建模将非常有用:

$$h_{rad} = \frac{K(T_1^4 - T_2^4)}{A\Delta T} \tag{2-86}$$

这个系数就是传热系数,它将在 T_1 和 T_2 之间以式(2-85)给出的辐射换热过程,变换为以温差为 ΔT 为驱动力的传热过程。

2.2.1.4 冷凝和沸腾

冷凝是指水从气态变为液态的过程,沸腾则相反。两个过程是在等温条件下进行的。

1) 冷凝

在热力系统中最常碰见就是水平管外侧的冷凝。这种布置在水平给水加热器和冷凝器中经常出现。参考文献[5]给出了努谢尔特关联式:

$$h = 4.09 \sqrt[4]{\frac{g\rho_f(\rho_f - \rho_g)k^3 h_{fg}}{Nd\mu\Delta T}} \tag{2-87}$$

式中,h 为沸腾系数(W/(m²·K));g 为标准重力加速度;ρ_f 为饱和液体密度;ρ_g 为饱和气体密度;k 为液体热传导系数;h_{fg} 为汽化焓;N 为管道排数;d 为管道外径;μ 为液体绝对黏度;ΔT 为温差。

2) 沸腾

最为常见的沸腾方式,就是在管道外充分发展的强迫对流沸腾,最常用的

Thom 关系式如下：

$$h_{\text{boil}} = 0.001\,975\exp\left(\frac{p}{4.735}\right)\Delta T \tag{2-88}$$

式中，h 为沸腾系数（W/(m² · K)）；p 为压力（MPa）。

2.2.1.5　热阻网络分析法

电阻分析法常用来分析含有多种换热同时起作用的过程。通常将传热系数的倒数定义为热阻 R：

$$R = \frac{1}{hA} \tag{2-89}$$

$$q = \frac{\Delta T}{R} \tag{2-90}$$

采用这种对应方式的话，传热率就类似于电气网络中的电流；温差就类似于电压差。热阻的串联和并联就可以像电气网络中电阻的串并联一样来处理：

串联：
$$R_{\text{eq}} = \sum R_i$$

并联：
$$R_{\text{eq}} = \frac{1}{\sum\left(\dfrac{1}{R_i}\right)} \tag{2-91}$$

用这项技术，对热力系统中的过热器的传热，尤其是在烟气侧的辐射和对流换热，就可以用热阻网络来表示（见图 2-10）。

由热阻表示式

$$R = \frac{1}{\left(\dfrac{1}{R_{\text{gas}_{\text{conv}}}} + \dfrac{1}{R_{\text{gas}_{\text{rad}}}}\right)} + R_{\text{tube}} + R_{\text{steam}_{\text{conv}}} \tag{2-92}$$

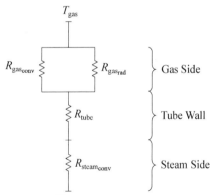

图 2-10　热阻网络

转化为导热率：

$$
\begin{aligned}
UA &= \frac{A}{\dfrac{1}{(h_{\text{gas}} + h_{\text{gas}_{\text{rad}}})} + R_{\text{tube}} + \dfrac{1}{h_{\text{steam}_{\text{conv}}}}} \\
&= \frac{(h_{\text{gas}_{\text{conv}}} + h_{\text{gas}_{\text{rad}}})h_{\text{steam}_{\text{conv}}}A}{\left[h_{\text{steam}_{\text{conv}}} + R_{\text{tube}}h_{\text{steam}_{\text{conv}}}(h_{\text{gas}_{\text{conv}}} + h_{\text{gas}_{\text{rad}}}) + (h_{\text{gas}_{\text{conv}}} + h_{\text{gas}_{\text{rad}}})\right]}
\end{aligned} \tag{2-93}
$$

同样的，对于处于冷凝区域的水平布置的管壳式给水加热器，其传热量可以由

图 2 - 11 四个热阻传热过程

四个相应的热阻来描述：①壳侧热阻(冷凝)；②管壁热阻；③污垢热阻；④管道热阻(对流换热)，如图 2 - 11 所示。

其表达式为

$$R = R_{\text{shell}} + R_{\text{wall}} + R_{\text{foul}} + R_{\text{tube}} \qquad (2 - 94)$$

或

$$UA = \frac{A}{\dfrac{1}{h_{\text{shell}}} + R_{\text{wall}} + R_{\text{foul}} + \dfrac{1}{h_{\text{tube}}}} \qquad (2 - 95)$$

$$= \frac{h_{\text{shell}} h_{\text{tube}} A}{h_{\text{tube}} + h_{\text{shell}} h_{\text{tube}} (R_{\text{wall}} + R_{\text{foul}}) + h_{\text{shell}}}$$

在前面几节的描述中，传热系数均使用近似关系式。在计算过程中，当流量趋近于零时，传热系数将会变小，在流量为 0 时传热系数会达到 0。为了避免被传热系数相除，我们对式(2 - 93)和式(2 - 95)的表达式进行变换，这样该模型就可以适用于各种工作状态。

对分析人员和设计人员来说，通过一个实际的系统来理解其中所包含的过程将非常有效。以前面水平布置的管壳式给水加热器为例，四个热阻的典型数据如表 2 - 3 所示。

表 2 - 3 四个热阻的典型热传导数据

	热阻/(m² · K/W×10⁴)	热导率/(W/(m² · K))	总热阻的百分比/%
壳体	0.581	17 040	15
壁面	0.880	11 360	25
污垢	1.76	5 680	45
管道	0.581	17 040	15
总计	3.802		

分析表明，计算结果对这些系数的误差并不敏感的原因是很显然的。例如，对于管道侧对流换热系数来说，这个系数 50% 的误差仅会导致总热阻不到 8% 的误差。

2.2.1.6 对数平均温差(logarithmic mean temperature difference, LMTD)

在前面几节中，我们给出了一个传热率的表达式：

$$q = UA\Delta T \qquad (2 - 96)$$

这里将讨论式(2 - 96)在热力系统常用的各种排列的常规热交换器上的应用：

逆流、顺流以及冷凝/沸腾。各种不同排列的换热过程的温度分布如图 2 - 12 所示。这里只给出了冷凝过程的温度分布,沸腾过程的温度分布可以简单地理解为是冷凝过程的镜像。

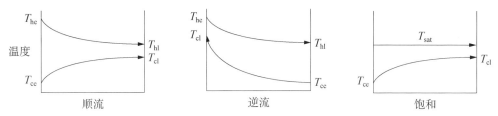

图 2 - 12　不同排列的换热过程的温度分布示意图

前面几节的推导给出了计算 UA 项的基本公式(见式(2 - 96)),本节将会推导给出 ΔT 的表达式。在传热过程的稳态分析时,对数平均温差被广泛使用并易于推导。这个温差是一个简单的表达式,当用该温差替代式(2 - 96)中 ΔT 时,就可以为稳态传热分析提供一个精确的解决方法。图 2 - 12 所示的三种排列的各自对数平均温差的表达式为

顺流:
$$\Delta T_{LM} = \frac{\left[(T_{hl} - T_{cl}) - (T_{he} - T_{ce})\right]}{\lg\left[\frac{(T_{hl} - T_{cl})}{(T_{he} - T_{ce})}\right]} \tag{2 - 97}$$

逆流:
$$\Delta T_{LM} = \frac{\left[(T_{he} - T_{ce}) - (T_{hl} - T_{cl})\right]}{\lg\left[\frac{(T_{he} - T_{ce})}{(T_{hl} - T_{cl})}\right]} \tag{2 - 98}$$

冷凝/沸腾:
$$\Delta T_{LM} = \frac{(T_{l} - T_{e})}{\lg\left[\frac{(T_{sat} - T_{e})}{(T_{sat} - T_{l})}\right]} \tag{2 - 99}$$

由于要进行对数运算,考虑到自然对数运算代价问题,一些动态仿真的建模人员并不赞成使用该关系式。除了对数平均温差之外,还有两个用得非常广泛的温差定义,分别是平均温差和离开时温差。很明显,这两个式子都不需要超越函数如对数函数的计算,因此计算代价低。

然而,同对数平均温差相比,这两个温差计算式有其不足之处,最主要体现在精确性不足。使用这两个公式时,我们可以通过参数修正技术,使得在设计工况时符合所需要的精度要求。当流量和温度偏离设计工况一定范围(带宽)时,这些公式可以反映系统的动态响应。然而,对出口处的换热和平均换热,这个有效的变化范围(带宽)非常窄。而对于 LMTD 公式,这个带宽可以无限大。

考虑位于给水加热器冷凝区域的一根管路,如图 2 - 13 所示。

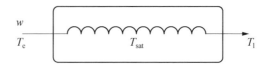

图 2-13　给水加热器冷凝区域的一根管路

我们可以给出计算传热量 q 的三个不同的表达式：

用出口温差计算传热量：　$q = UA(T_{sat} - T_1)$ 　　　　　　　　　　　　(2-100)

用平均温差计算传热量：　$q = UA\left[T_{sat} - \dfrac{(T_e + T_1)}{2}\right]$ 　　　　　　　(2-101)

用 LMTD 计算传热量：　$q = \dfrac{UA(T_e - T_1)}{\lg\left[\dfrac{(T_{sat} - T_1)}{(T_{sat} - T_e)}\right]}$ 　　　　　　(2-102)

当流量 w 降低时，系统偏离起初运行工况点越来越远，传热率持续下降，出口温度越来越接近饱和温度。这个动态过程非常重要，因为这是典型的降负荷过程，有时快或有时慢，是电厂系统最常见的瞬态过程。

采用以上三个传热量的计算公式来描述换热过程时，其响应完全不同。图 2-14、图 2-15 和图 2-16 给出了水流从额定负荷降为零时三个计算公式的各自响应特性。这个系统进口是 394.3 K 的水，与 483.2 K 定温水源交换热量。三个系统在设计状态满负荷运行时，其出口温均为 477.6 K，其传热系数均为流量的 0.8 次方。

图 2-14 所示是用 LMTD 计算的传热量结果，其变化过程是正确的。出口温度接近所预想的饱和温度 483.2 K。用离开温度计算的传热量，其结果就差强人意。出口温度尽管接近 483.2 K，但在低流量时强烈非线性。然而，用平均温度计

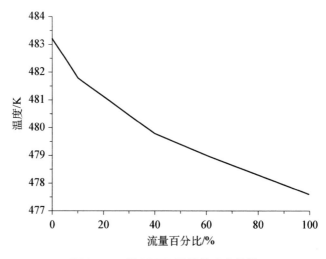

图 2-14　用 LMTD 计算的响应特性

算的传热量,其结果令人惊奇。事实上,完全非线性,出口温度接近 572.0 K。显然,用平均温度计算的传热量违反了热力学第二定律,传热竟然是从 483.2 K 热源传热给 572.0 K 的流体。

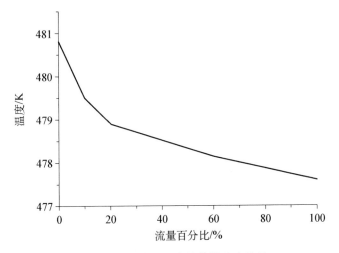

图 2 - 15　用离开温度计算的响应特性

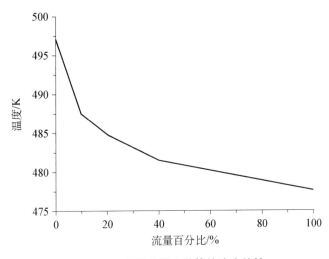

图 2 - 16　用平均温度计算的响应特性

　　用平均温度计算的传热量违反了热力学第二定律,对于需要在大范围运行工况均可以适用的模型设计而言,这是完全不可接受的。用出口温度计算的传热量同样也不能违反热力学第二定律,此外还有其他的特性限制了它的使用,甚至比低精确度这一缺点更严重。只要看一看图 2 - 12 给出的逆流温度分布曲线,我们会发现使用该模型的一个限制条件,即逆流热交换器的热流体出口温度不能低于冷流体出口温度。

LMTD 方法可以在大范围内满足所要求的精确性,且适合于各种换热布置(顺流、逆流和交叉流等)。除此之外,LMTD 方法很容易计算温差驱动下的传热。然而,对于 LMTD 方法,需要谨记以下两点重要说明:

(1) LMTD 是稳态关系式。这里,我们将把该关系式用于动态模型中。如果边界条件给定有误,即无法保证其稳态特性,则会产生系统误差,这一点必须避免。此外,还必须防止以下条件的发生:①在对数项中分母的温差 ΔT 为零;②在对数项中分子和分母的温差 ΔT 完全相等;③分子或者分母的温差其中一个为负值。

(2) 在 LMTD 公式中引入排列因子,将使交叉流动情况下的换热性能得到提高。

2.2.2 流动过程

流动过程和传热过程具有一定的相似性。2.2.1 节的目的是将傅里叶导热定律(见式(2‑69))进行简化,从一个描述传热的偏微分方程简化为代数式。本节的目的则是将牛顿黏性定律(见式(2‑62))进行简化,从一个描述流动过程的偏微分方程简化为代数式。

2.2.2.1 准稳态关系

从描述动量的偏微分方程(见式(2‑13)),或常微分方程(见式(2‑41))出发,见下式:

$$\frac{\mathrm{d}(M\boldsymbol{V})}{\mathrm{d}t} = \left[w_\mathrm{e}(\boldsymbol{V}_\mathrm{e} - \boldsymbol{V}_\mathrm{se}) - w_\mathrm{l}(\boldsymbol{V}_\mathrm{l} - \boldsymbol{V}_\mathrm{sl}) \right] + (p_\mathrm{e}A_\mathrm{e} - p_\mathrm{l}A_\mathrm{l}) - P_\mathrm{w}\tau_\mathrm{w} - gM\sin\theta$$

$$(2\text{-}103)$$

将式(2‑103)作为一个准稳态等式处理时,剔除等式左边对时间的导数和等式右边的动量变化项,可得

$$p_\mathrm{e}A_\mathrm{e} - p_\mathrm{l}A_\mathrm{l} - P_\mathrm{w}\tau_\mathrm{w} - gM\sin\theta = 0 \qquad (2\text{-}104)$$

这里引入一个称为摩擦因子的量纲为 1 的量,实际上,工程人员广泛采用的摩擦因子有两个,范宁(Fanning)摩擦因子 f_F 和达西(Darcy)摩擦因子 f。Darcy 摩擦因子正好是 Fanning 摩擦因子的四倍。一般的,在摩擦因子-雷诺数对数途中通常采用的是 Darcy 摩擦因子 f。

Fanning 摩擦因子 f_F 定义式如下:

$$f_\mathrm{F} = \frac{\tau_\mathrm{w}}{\rho\,\dfrac{V^2}{2g_\mathrm{c}}} \qquad f_\mathrm{F} = \frac{\tau_\mathrm{w}}{\rho\,\dfrac{V^2}{2}} \qquad (2\text{-}105\mathrm{a})$$

或

$$\tau_w = f_F \rho \frac{V^2}{2} \tag{2-105b}$$

将 $f = 4f_F$ 代入等式(2-105),则由式(2-104)可得

$$p_e A_e - p_1 A_1 - \frac{f}{4} P_w L \rho \frac{V^2}{2} - gM\sin\theta = 0 \tag{2-106}$$

对以上对象做进一步的假设:

等直径管: $A_e = A_1 = A$

水力直径: $D_H = \dfrac{4A}{P_\omega}$

$V = \dfrac{\omega}{\rho A}$

$M = \rho L A$

$\Delta H = -L\sin\theta$(进口高度 - 出口高度)

则由式(2-106)可得

$$(p_e - p_1) - \left(\frac{fL}{D_H}\right)\frac{w^2}{2\rho A^2} + g\rho\Delta H = 0 \tag{2-107}$$

求解 w,则得

$$w = \sqrt{\frac{2}{\dfrac{fL}{D_H}}} A \sqrt{\rho[(p_e - p_1) + g\rho\Delta H]} \tag{2-108}$$

通常情况下,将根号外的几项整合为一项,将其称为流导系数 C。

$$C = \sqrt{\frac{2}{\dfrac{fL}{D_H}}} A \tag{2-109}$$

$$w = C\sqrt{\rho[(p_e - p_1) + g\rho\Delta H]} \tag{2-110}$$

流导系数在动态分析中是一个非常有用的参数,因为它将许多物理参数糅合为一个单一变量。在许多情况下,分析人员会发现有大量的运行数据,如流量、温度和压力等。利用这些数据,使用式(2-110)来求解流导系数,再忽略由高度差引起的微小变化,因此,得到一个描述流量和压差之间的基本关系。

由式(2-109)可以看出,流导系数是一个与流量无关的参数。事实上,情况并非如此。式(2-110)已隐含假设只有在完全湍流区,其摩擦因子才为常数。在实际热力系统中,完全的层流流动几乎是不存在的;同样地,也没有哪个热力系统中的流动雷诺数都超过了 10^6,这是完全湍流流动的基本要求。也就是说,在实际热

力系统中,并非所有的流动都满足完全的湍流流动。通常情况下,采用定摩擦因子假设所引起的误差其实很小,而用于表征 Darcy 摩擦因子的特性图表则会放大误差。这是由于该图表通常采用对数-对数坐标,雷诺数在 5~6 个数量级的范围内变化,相比而言,摩擦因子的变化范围只在一个数量级。流量的偏差与摩擦因子偏差的平方根呈正比。这个偏差对设计人员来说非常重要,但对动态分析人员其影响就小得多。这种偏差会存在,对其进行补偿具有一定的可能性。计算 Darcy 摩擦因子的公式如下所示[6]:

$$f = 8\left[\left(\frac{8}{Re}\right)^{12} - (A+B)^{-3/2}\right]^{1/12} \tag{2-111}$$

式中, $A = \left\{-2.457\lg\left[\left(\frac{7}{Re}\right)^{0.9} - 0.27\left(\frac{e}{D}\right)\right]\right\}^{16}$; $B = (37\,530/Re)^{16}$; Re 为雷诺数;(e/D) 为相对粗糙比;e 为管壁粗糙度;D 为管道内径。

在雷诺数介于 $5\,000 < Re < 10^8$ 范围内,采用以上关系式给出的结果同标准图表相比,其误差可控制在 $2\%\sim5\%$ 的范围。

由于该关系式是隐式表达,所以难以对其进行直接评价。已知,流量是摩擦因子的函数(见式(2-108));摩擦因子是雷诺数的函数(见式(2-111));雷诺数是流量的函数。因此要进行求解,则必须进行迭代。

2.2.2.2 动量关系式

使用动量公式则可以打开该隐式循环,但其他的问题会随之而来。回顾动量关系式,从式(2-47)出发:

$$\frac{\mathrm{d}w}{\mathrm{d}t} =$$

$$\frac{\left\{w_e(\boldsymbol{V}_e - \boldsymbol{V}_{se}) - w_l(\boldsymbol{V}_l - \boldsymbol{V}_{sl}) + (p_e A_e - p_l A_l) - P_w L\tau_w - gM\sin\theta - \frac{1}{A}w\frac{\mathrm{d}V}{\mathrm{d}t}\right\}}{\frac{V}{A}}$$

$$\tag{2-112}$$

采用与推导式(2-107)同样的假设,上式可简化为

$$\frac{\mathrm{d}w}{\mathrm{d}t} = \frac{\left[(p_e - p_l) + g\rho\Delta H - \frac{\left(\frac{w}{C}\right)^2}{\rho}\right]A}{\frac{V}{A}} \tag{2-113}$$

这里,由于流量是已知的,保留依赖摩擦因子的雷诺数,可以使用式(2-109)

和式(2-111)来计算流量的导数,这样就成为显式求解。

必须再次强调,在热力系统的动态建模中其实很少使用动量关系式。人们必须抵制这样的诱惑,即仅仅看到有数学工具可以使用时,就尝试对某种现象进行仿真。动量关系式只有在水锤效应和蒸汽锤效应时才有必要[4],它很少,甚至从没有在热力发电系统的其他动态仿真应用过。

2.2.3　燃烧过程

燃烧反应的结果通常采用基本公式进行描述。每千克燃料在每摩尔反应物中,发生的燃烧反应为

$$
\begin{aligned}
&F_C C + F_{H_2} H_2 + F_S S + F_{O_2} O_2 + F_{N_2} N_2 + F_{H_2O} H_2O + \\
&(a/4.76)O_2 + a(3.76/4.76)N_2 + (\varphi a/4.76)H_2O \\
&= bCO_2 + cCO + dO_2 + eSO_2 + fH_2O + gN_2
\end{aligned}
\tag{2-114}
$$

式中,a:$\dfrac{\text{mol dry air}}{\text{kg fuel}}$;$b \sim g$:$\dfrac{\text{mol } x}{\text{kg fuel}}$;$\varphi$:$\dfrac{\text{mol H}_2O(vap)}{\text{mol O}_2 \text{ in air}}$

通过对燃料组分的最终分析来计算系数 F[7]。对碳而言:

$$
F_C = \frac{C(\text{kg C/kg fuel})}{12(\text{kg C/mol C})}(\text{mol C/kg fuel})
\tag{2-115}
$$

F 表达式的分子是燃料中反应物的质量分数,分母为反应物的摩尔分子量,结果就是每千克燃料所对应的摩尔反应物。

这个反应式可由每种组成分子的分子平衡式来表征:

$$
\begin{aligned}
&C: F_C = b + c \\
&H: 2F_{H_2} + 2F_{H_2O} + (2\varphi a/4.76) = 2f \\
&S: F_S = e \\
&O: 2F_{O_2} + F_{H_2O} + (2+\varphi)a/4.76 = 2b + c + 2d + 2e + f \\
&N: 2F_{N_2} + 2a(3.76/4.76) = 2g
\end{aligned}
\tag{2-116}
$$

式中,a 表示每千克燃料所对应的摩尔干空气,可以由空气/燃料比来计算。

φ 可由空气的质量组成向量来计算,在给定的空气压力和相对湿度条件下。相对湿度 RH 定义式为

$$
RH = \frac{p_v}{p_g}
\tag{2-117}
$$

式中,p_v 为水蒸气的分压力(bar);p_g 为环境温度下的饱和压力(bar)。

饱和压力可以由水蒸气特性给出：

$$p_g = f(T_{atm}) \tag{2-118}$$

空气的分压力 p_a，可以由大气压力 p_{atm} 的函数给出：

$$p_a = p_{atm} - p_v \tag{2-119}$$

然后 φ 项的计算为

$$\varphi\left(\frac{mol\ H_2O}{mol\ O_2}\right) = \frac{p_v}{p_a}\left(\frac{mol\ H_2O}{mol\ air}\right)4.76\left(\frac{mol\ air}{mol\ O_2}\right) \tag{2-120}$$

如果完全燃烧，则碳全部转化为二氧化碳，一氧化碳项为零。

这里建立了 5 个方程，可用来求解式(2-116)中 b、d、e、f、g 五个未知数。用碳、氢、硫的表达式直接代入氧的表达式，得到 d：

$$2F_{O_2} + F_{H_2O} + 2a/4.76 + \varphi a/4.76$$
$$= 2F_C + 2d + 2F_S + (F_{H_2} + F_{H_2O} + \varphi a/4.76) \tag{2-121}$$
$$d = [F_{O_2} + a/4.76 - F_C - F_S - (1/2)F_{H_2}]$$

b、e、f 和 g 的表达式通过观察和对应也可解决。

式(2-121)是针对完全燃烧的表达式。对于不完全燃烧和有 CO 生成时的关系式也可以进行推导。式(2-121)在燃烧中氧气不足以用于燃料燃烧时会产生负值，这种情况下，燃烧关系式必须重新推导，要假设氧气项（即 d 项）为零，CO 项存在。后续的分析通常假设有足够的氧气来氧化燃料中的硫、氢和碳。

2.3 本章小结

本章以热力系统建模中典型的控制体为对象，对热流动过程进行了守恒方程的推导，获取了针对不同工质的普适的偏微分守恒方程表达式。在此基础上，通过数学变换，得到了通用的常微分形式守恒方程。在此基础上，对守恒方程中传热过程、流动过程、燃烧过程等用于方程组封闭的辅助方程的建立进行了全面的剖析，提出了动态建模中辅助方程简化的一些基本原则。本章的工作为后续的系统建模和仿真奠定了基础。

参 考 文 献

[1] 周雪漪. 计算流体力学[M]. 北京：清华大学出版社，1995.

［2］陶文铨.数值传热学[M].西安：西安交通大学出版社,2001.

［3］陆平,肖亚峰,任建斌.数学物理方程[M].北京：国防工业出版社,2016.

［4］Babcock，Wilcox Co. Steam：its generation and use［M］.（large print Edition）Montana，Kessinger Publishing，2011.

［5］Rohsenow W M，Choi H V. Heat，mass and momentum transfer［M］. Prentice-Hall Inc，1961.

［6］Churchill S W. Friction-Factor equation spans all fluid- flow regions［J］. Chemical Engineering，1977,84：91－92.

［7］周登极.燃气轮机智能故障管理理论及方法研究[D].上海：上海交通大学,2016.

第 3 章　数据驱动建模

对于一个机理模型尚不清楚或者是高度复杂且具有强非线性特性的系统,人们很难采用数学方程精确描述研究对象的运行过程,或者由于外围的扰动使得精细的机理模型也有可能无法精确地描述研究对象的真实行为。然而一个系统的输入输出数据中蕴藏着系统大量的信息,包括系统的动态特性,通过对系统的输入输出数据进行适当数学处理,则有可能挖掘出数据中所蕴含的系统信息。数据驱动建模的方法正是从研究对象的输入输出数据中提取出系统内在的特征及其规律,并利用数据回归的方法建立系统的数学模型。

3.1　数据驱动建模的基本概念

数据驱动建模方法是在"数据为自身说话"的支撑下分析系统变量间的相互关系,其实质是一种"黑箱"建模技术。该方法利用已知的输入和输出数据,离线或在线学习计算与当前状态匹配的控制量,从而获得系统所要求的各种动态或静态品质。本节针对数据驱动建模的基本原理和发展历程进行了介绍。

3.1.1　数据驱动建模定义与基本原理

数据驱动(data-driven)的概念最早来自于计算机领域,是指在设计程序的过程中以数据库中的数据为导向进行程序设计。目前,数据驱动已经应用到航空、电力、驱动、钢铁等诸多领域,它可以实现对系统的评价、诊断、决策以及预报、优化等监控功能[1]。数据驱动是指利用统计学、机器学习和智能优化等科学的理论和方法,充分挖掘数据中包含的信息,有效地分析数据,预测未来情况,帮助管理者更好地制定决策[2,3]。因此,数据驱动方法可广义定义为利用受控系统的在线和离线数据,实现系统的基于数据的预报、评价、调度、监控、诊断、决策和优化等各种期望功能的方法[4]。数据驱动建模是很常用的数据挖掘工具,是基于实现数据的自底向上的建模方法。常用的有如信号处理、机器学习、人工神经网络、基于个体建模等。

基于以上的定义,数据驱动建模的基本原理可由图 3-1 来表示。为了获取数据驱动模型中未知参数,通常采用数据回归的分析方法以获取最优的模型参数。根据研究对象的历史输入输出数据,计算出当前数据驱动模型的输出预测值,然后根据数据驱动模型的输出预测值和研究对象的实际输出值在某种评价准则下(误差的平方和、误差求和等),对数据驱动模型的参数进行不断地更新迭代,直至对应的评价准则达到最小值,这时得到的数据驱动模型可以在该评价准则下最好的接近研究对象的稳态和动态特性。

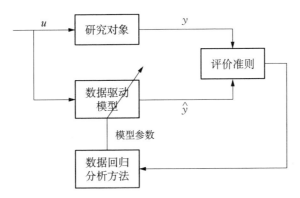

图 3-1　数据驱动建模基本原理图

对于多变量的非线性时变工业流程控制系统,过程变量的物理或者化学动力学过程具有以下特点:状态维数高、强耦合、关联性作用大、测控信号精度差且不完整、随机扰动、过程参数时变等。因此,建立被控对象的分析或者预测模型,不仅要有学习和识别的功能,而且对扰动和系统变化具有较强的鲁棒性。

对于信息量不足、信息不完备的系统,数学模型难以描述此类复杂系统,而过程辨识以及人工智能方法能够很好地给予解决。因此,基于数据驱动建模的方法以及人工智能建模的方法,在流程工业过程、生产计划决策,产品制造中得到了广泛的应用。

通常建立系统模型有三种方法。第一,分析系统内在运行机理,推导并建立机理模型;第二,分析输入和输出信号,应用系统辨识或者状态估计的方法,求取一个基于微积分或者差分的数学模型;第三,通过智能方法,利用知识发现和人工智能的建模方法构造某些系统功能,建立一个基于知识的模型,通过模仿实现人类在监控或控制过程中的思维和行为,自主完成整个预测过程。

3.1.2　数据驱动建模发展历史

基于非线性优化的数据驱动建模理论是在线性规划研究基础上发展的。库恩和塔克等于 1951 年提出了非线性规划的最优性条件[4]，以后随着电子计算机的普遍使用，非线性规划的理论方法和工程应用有了很大的发展，应用的领域也越来越广泛，特别是在经济、管理、军事、过程控制、工业设计以及目的产品优化设计等方面都有着重要的应用，并取得了巨大的经济效益。

1959 年美国的塞缪尔（Samuel）设计了一个下棋程序，这个程序具有学习能力，它可以在不断地对弈中改善自己的棋艺。4 年后，这个程序战胜了设计者本人。又过了 3 年，这个程序战胜了美国一个保持 8 年之久的常胜不败的冠军。这个程序向人们展示了机器学习的能力，提出了许多令人深思的社会问题与哲学问题。

我们知道，机器学习的方法往往需要有大量的数据作为"知识"，因此为了做好机器学习首先要做好数据采集。数据驱动图形学的先驱者之一 Wojciech Matusik 等在 2003 年就做出了惊人之举，利用"brute-force sampling"的方法一举获得了 100 个不同材质的表面反射属性。这种洪荒式的数据采集，可以说是数据驱动建模方法的一个开端。这就好比是现在人工智能中的数据标定，ImageNet 和 MS CoCo 这样的大规模数据集，是一个好的机器学习算法的基础。前人用过的数据采集的方法是不适用于一般应用的。为了科学研究拼命采集几十个数据尚且可以接受，但是要让一般用户接受，还是需要极大地简化采集数据的规模。因此，如何分析和利用数据本身所具有的特性，对数据进行建模，进而减少所需要采集数据的规模，就成为数据驱动建模研究的精要之处。

对于机理尚不清楚的研究对象，采用数据驱动来建立预测模型是一种最佳的建模方法。从历史的输入/输出数据中提取有用建模信息，无须了解太多的过程知识，分析模型的主导变量和辅助变量，并构建变量之间的关系，是一种通用的有效的系统建模方法。利用数据驱动的思想建立研究对象的预测以及控制模型，已形成的系统建模方法有：线性/非线性自回归模型、神经元网络模型、非线性时间序列分析模型、模糊人工智能模型、贝叶斯分析网络模型、偏最小二乘/核最小二乘模型及基于统计学的支持向量机模型等。

目前，在控制领域中非线性动态系统辨识是一个研究难点问题。理论上解决稳定性和鲁棒性等问题尚未形成通用的结论。因此，目前非线性系统辨识问题主要围绕两个主题展开：①如何建立一个兼顾数学结构和参数合适化的非线性辨识模型；②利用最优化未知系统辨识结果和输出模型之间误差的性能函数来调节模型的参数。

3.2　数据驱动建模过程

数据驱动建模的方法多种多样，针对不同的系统也有不同的建模方法，但是其建模的整体思路和步骤基本上都是一致的,包括对训练数据的预处理、模型的训练、模型评价以及优化等过程。

3.2.1　建模步骤

根据研究对象是否存在非线性特性,可将数据驱动的建模方法划分为线性数据驱动建模方法和非线性数据驱动建模方法。其中线性数据驱动建模方法包括最小二乘法、状态估计等线性回归方法;非线性数据驱动建模方法则包含人工神经网络、支持向量机、模糊算法等多种智能非线性回归算法。不管是用何种数据驱动的建模方法,其建模的整体思路和建模步骤基本是一致的,图 3-2 为数据驱动建模的整体思路以及建模步骤[5,6]。

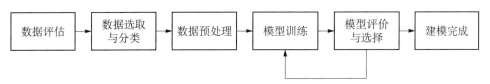

图 3-2　数据驱动建模的建模步骤

1) 数据评估

对输入数据的特点进行初步的评估,对数据驱动建模可能产生的问题以及所建模型的复杂程度有所估计,进而决定是采用简单的线性回归分析方法,还是采用能够较好处理非线性数据的非线性数据回归方法。值得注意的是,最初的选择并不一定要唯一,可以同时采用多种方法建模,在最后的模型评估过程中根据模型的辨识效果再进行筛选。

2) 数据选取和分类

在对数据驱动模型进行训练之前,需要选择训练所用数据和测试所用数据,训练数据一般是按功能要求,以一定的比例从数据集中等概率地随机选取产生,其余的数据作为测试数据。

3) 数据预处理

通常选择好的训练数据和测试数据是不符合直接进行分析和建模研究所要求的规范和标准的。数据预处理主要具有以下特征:

(1) 不完整性:指的是数据记录中可能会出现有些数据属性的值丢失或不确定的情况,还有可能缺失必需的数据。

(2) 异常值删除:指的是数据具有不正确的属性值,包含错误或存在偏离期望的离群值。产生的原因很多,比如收集数据的设备可能出故障;人或计算机的错误导致在数据输入时出现异常;数据传输中也可能出现错误。

（3）归一化处理。原始数据是从各个实际应用中获取的，由于各应用的数据缺乏统一标准的定义，数据结构也有较大的差异，因此各系统间的数据存在较大的不一致性，往往不能直接拿来使用。同时来自不同的应用系统中的数据由于合并还普遍存在数据的重复和信息的冗余现象。

所以，必须对数据进行预处理，使其满足所选辨识方法的要求，预处理主要进行归一化处理、插补缺失值、删除异常值等，这是为了能够达到比较好的训练效果。通常在对数据进行处理时只需进行一次，而插补缺失值、删除异常值这类的数据预处理需要反复进行多次，直至数据满足研究者对模型以及辨识效果的要求。

4）模型训练

在对数据进行处理后，依据训练数据对数据驱动模型进行训练以获得数据驱动模型的参数。

5）模型评价与选择

之后利用测试数据在训练好的模型上进行测试，得到的输出结果和目标数据进行比对，根据预先制定的统一模型评价规则进行评判，最终选择最适合的模型。

6）建模完成

通过上述的几个步骤，一般情况下就可以得到一个效果比较满意的数据驱动模型，其数据驱动建模过程也相应地结束。

3.2.2　基本要素

通过以上的分析可以看出，在对系统进行数据驱动的建模过程中包含了 3 大要素：①输入输出数据；②数据回归分析方法；③评价准则。其中，输入输出数据是用来提供对模型进行训练和评价的数据源；数据回归分析方法则是依据提供的训练数据回归分析出模型内在关联；评价准则是用来对数据驱动模型的准确性进行评判，它是通过计算预测输出与实际输出之间的误差作为评价的标准。由此可见输入输出数据是数据驱动建模的基础，评价准则是数据驱动建模的优化目标，而数据回归分析方法是对应于不同的数据驱动建模方法。整个数据驱动建模过程即是从多种数据回归分析方法中，按照某种评价准则，使评价准则最小，此时建立的数据驱动模型能最好的贴合研究对象的输入输出数据的动态过程。

由上面介绍可知，在建立数据驱动模型的过程中，一个重要的准则是在相同的输入条件下，要求数据驱动模型的输出与研究对象的实际输出尽可能地接近，即要求建立的模型与研究对象相等价。在此，通过引入评价准则描述模型与研究对象的等价性。对于一个相同的输入 u，研究对象的实际输出为 y，数据驱动模型的输出为 $\hat{y}$，研究对象和数据驱动模型的输出量之间的偏差 $e = y - \hat{y}$，评价准则都是表述为研究对象实际输出 y 和数据驱动模型 $\hat{y}$ 之间的函数关系,常用的函数关系式表示成研究对象和模型之间输出误差 e 的函数。

$$J(y, \hat{y}) = f(e) \tag{3-1}$$

在具体的输出误差函数中,误差平方和是最常使用的,即

$$f(e) = e^2 \tag{3-2}$$

在连续信号下,其准则函数为

$$J(y, \hat{y}) = \int_t^{t+T} [y(t) - \hat{y}(t)]^2 \mathrm{d}t = \int_t^{t+T} e^2(t) \mathrm{d}t \tag{3-3}$$

在离散信号下,其准则函数则为

$$J(y, \hat{y}) = \sum_{i=1}^{N} (y_i - \hat{y}_i)^2 = \sum_{i=1}^{N} e_i^2 \tag{3-4}$$

当求得的数据驱动模型满足其评价准则最小时,则可认为该模型与研究对象是等价的。因此,建立数据驱动模型就是求解一个评价准则最小化的优化问题。

3.2.3　数据驱动模型

在建立数据驱动模型的第一步就是对已有的大量数据进行评估,对数据进行评估的一个重要目的就是评估研究对象的非线性特性,从而确定所要建立的研究对象数据驱动模型是使用线性模型还是使用非线性模型。

对于线性系统,其离散的差分方程可表示为

$$
\begin{aligned}
&y(t) + a_1 y(t-1) + a_2 y(t-2) + \cdots + a_n y(t-n) \\
&= b_1 u(t-1) + b_2 u(t-2) + \cdots + b_m u(t-m)
\end{aligned} \tag{3-5}
$$

式中,n 和 m 分别称作模型输出和输入的阶次,是模型的结构参数;y 为模型的输出参数;u 为模型的输入参数。

将上述方程通过 Z 变换可得:

$$
\begin{aligned}
&A(z^{-1}) y(t) = B(z^{-1}) u(t) \\
&A(z^{-1}) = 1 + a_1 z^{-1} + a_2 z^{-2} + \cdots + a_n z^{-n} \\
&B(z^{-1}) = 1 + b_1 z^{-1} + b_2 z^{-2} + \cdots + b_m z^{-m}
\end{aligned} \tag{3-6}
$$

式中,z^{-1} 称作滞后算子,上式所建立的数据驱动模型称为自回归平均模型(auto regressive eXogenous,ARX)。

对于 ARX 模型,需要依据已有的输入输出数据估算的参数用下式表示:

$$\boldsymbol{\theta} = [a_1, a_2, \cdots, a_n, b_1, b_2, \cdots, b_m]^{\mathrm{T}} \tag{3-7}$$

非线性系统的动态模型通常是由一系列非线性状态方程来描述的。

$$\frac{\mathrm{d}x(t)}{\mathrm{d}t} = f(x(t), u(t))$$

$$y(t) = h(x(t)) \tag{3-8}$$

式中，x 为状态变量；u 为输入变量；y 为输出变量；f、h 均为非线性方程。

在对上述的非线性动态系统建立相应的数据驱动模型时，在数据驱动模型领域最为普遍使用一种模型为非线性自回归平均模型（nonlinear auto regressive eXogenous，NARX）模型。NARX 模型如下所示：

$$y(t) = f[y(t-1), y(t-2), \cdots, y(t-n), u(t-1), u(t-2), \cdots, u(t-m)] \tag{3-9}$$

式中，函数 f 为待求的非线性函数。

除了 NARX 模型之外，还有一些其他类型的非线性模型结构如下所示：

$$y(t) = \sum_{i=1}^{n} \alpha_i f_i(y(t-i)) + \sum_{j=1}^{m} \beta_j g_j(u(t-j)) \tag{3-10}$$

式中，函数 f 和 g 为非线性函数，可根据实际情况的不同选取不同的非线性函数，如幂函数、分段线性函数、三角函数、多项式函数、死区函数等，甚至可以是一种复杂的神经网络。

一种特殊的模型结构就是 Hammerstein 模型[7]：

$$y(t) = \sum_{i=1}^{n} a_i y(t-i) + \sum_{j=1}^{m} b_j f_j(u(t-j)) \tag{3-11}$$

Hammerstein 模型是由一个无记忆的非线性环节和一个动态线性环节以串联的形式构成的。在非线性部分，其非线性函数 f 的函数类型是已知的。

3.2.4 模型结构参数

在训练和获取上述线性或者非线性的数据驱动模型时，均是认为模型的结构参数是已知的。而在建立数据驱动的模型之初，则需要从已知的输入输出数据中获取待求模型的结构参数。这里介绍几种确定模型结构参数的方法。

1）积矩矩阵法[8]

该方法首先认为模型的输入阶次 m 和输出阶次 n 是相等的。利用已知的输入输出数据构造出相应的数据矩阵，然后利用其积矩矩阵的行列式来确定模型的结构参数。构造的数据矩阵如式（3-12）所示：

$$H = \begin{bmatrix} y(n) & y(n-1) & \cdots & y(1) & u(n) & u(n-1) & \cdots & u(1) \\ y(n+1) & y(n) & \cdots & y(2) & u(n+1) & u(n) & \cdots & u(2) \\ \vdots & \vdots & & \vdots & \vdots & \vdots & & \vdots \\ y(n+l-1) & y(n+l-2) & \cdots & y(l) & u(n+l-1) & u(n+l-2) & \cdots & u(l) \end{bmatrix}$$
(3-12)

式中, l 为输入输出数据的长度。

在假设的模型阶次, 其积矩矩阵如下式所示:

$$Q(n) = \frac{H(n)^{\mathrm{T}} H(n)}{l}$$
(3-13)

假设系统的实际阶次为 n_0, 则积矩矩阵会有如下的性质:

$$\det(H(n)) \begin{cases} > 0, & n \leqslant n_0 \\ = 0, & n > n_0 \end{cases}$$
(3-14)

但由于计算误差等原因, 能让 $\det(H(n)) = 0$, $n > n_0$ 是比较困难的。可定义如下所示的行列式比:

$$Rt(n) = \frac{\det(H(n))}{\det(H(n+1))}$$
(3-15)

当模型的阶次从 1 开始逐渐增加, $Rt(n)$ 和 $Rt(n-1)$ 相比有明显增加时, 则可以认为模型的阶次为 n。

2) 损失函数检验法

模型的损失函数是指模型误差的平方和。其计算式如下所示:

$$J(m, n) = \sum_{i=1}^{l} \left[y(i) - \hat{y}(i) \right]^2$$
(3-16)

对于实际系统进行辨识时, 输入输出数据的组数必须要大大超过模型参数的个数。这时, 随着模型阶次的增加, 损失函数 J 会发生显著的下降, 当模型的阶次逐渐接近实际系统的阶次时, 其损失函数 J 则基本不发生变化了。因此当模型的阶次分别从 1 开始逐渐增加, 其损失函数基本不发生变化时, 则可以认为此时模型的参数为实际系统的阶次。

3) 赤池信息标准法

赤池信息标准(Akaike's information criterion, AIC)是由 Akaike 在 1974 年提出的一种基于极大似然法出发, 给出了一种客观的判据。其中 AIC 判据的计算目标如下式所示:

$$\text{AIC} = -2\ln L(y, u) + 2p \qquad (3-17)$$

式中,$L(y, u)$是模型的似然函数;p是模型中独立参数的数目,表示对增加待求参数个数的一种惩罚,对于模型阶次为m和n的系统,其值为$m+n+2$。其似然函数可近似为以下方程:

$$\ln L = -\frac{l}{2}\ln J(m, n) + c \qquad (3-18)$$

将上式和p值代入 AIC 并去掉 AIC 式中的常数项,可得:

$$\text{AIC} = \ln J(n) + 2(m+n) \qquad (3-19)$$

找到使 AIC 最小的m和n组合即是最接近实际系统的模型阶次。

4)最终预报误差准则法

最终预报误差(final prediction error,FPE)准则可由下式计算得到:

$$\text{FPE} = J(m, n)\frac{l+(m+n)}{l-(m+n)} \qquad (3-20)$$

当模型的阶次从小逐渐增大时,FPE 的值一开始逐渐减小,当减小到一个极值之后开始逐渐增大。因此找到使 FPE 最小的m和n组合即是最接近实际系统的模型阶次。

3.3 线性系统的数据驱动建模方法

线性系统的数据驱动模型主要利用 ARX(auto regressive network with eXogenous inputs)辨识理论来建立,对于 ARX 模型中的未知参数可依据最小二乘法以及其变种通过训练数据获取。本节介绍了两种通过训练数据获取 ARX 模型未知参数的方法,即最小二乘法和加权最小二乘法。

3.3.1 最小二乘法

最小二乘法(least squares method,LS)是用于线性系统参数估计中最普遍的数学方法,它通过最小化误差的平方和寻找数据的最佳函数匹配,从几何意义上讲,就是寻求与给定点集的距离平方和为最小的拟合曲线,由于平方运算也称为"二乘"运算,因此,按照这种原则来估计未知参数的方法称为"最小二乘法"。该方法是由高斯在 1795 年预测行星和彗星运动的轨道时提出的,后来这种方法成为估计理论的基石[6]。

将 ARX 模型转化为输出前几个时刻输入和输出的函数关系式为

$$
\begin{aligned}
y(t) =& -a_1 y(t-1) - a_2 y(t-2) - \cdots - a_n y(t-n) + b_1 u(t-1) + \\
& b_2 u(t-2) + \cdots + b_m u(t-m)
\end{aligned} \tag{3-21}
$$

对于给定的输入输出数据集合 $\{(x_i, y_i) i = 1, 2, 3, \cdots, l\}$，采用了最小二乘法求解待求的参数集 $\{a_1, a_2, \cdots, a_n, b_1, b_2, \cdots, b_m\}$，使误差的平方和最小。将 l 组数据代入上式中，可得一个线性方程组，进一步改写成矩阵的形式：

$$
\begin{bmatrix} y(1) \\ y(2) \\ \vdots \\ y(l) \end{bmatrix} = \begin{bmatrix} -y(0) & \cdots & -y(1-n) & u(0) & \cdots & u(1-m) \\ -y(1) & \cdots & -y(2-n) & u(1) & \cdots & u(2-m) \\ \vdots & \ddots & \vdots & \vdots & \ddots & \vdots \\ -y(l-1) & \cdots & -y(l-n) & u(l-1) & \cdots & u(l-m) \end{bmatrix} \begin{bmatrix} a_1 \\ \vdots \\ a_n \\ b_1 \\ \vdots \\ b_m \end{bmatrix} + \begin{bmatrix} e(1) \\ e(2) \\ \vdots \\ e(l) \end{bmatrix} \tag{3-22}
$$

进一步写成紧凑的格式为

$$
\boldsymbol{Y} = \boldsymbol{\Phi\theta} + e \tag{3-23}
$$

式中，$\boldsymbol{\theta}$ 为待求的参数，具体参数如式 (3-22) 中所示，e 为最小二乘法拟合的残差。

由于需要确定的未知参数有 $m+n$ 个，为了能求解方程，要求植入的输入输出参数的数量 l 必须要满足条件 $l \geqslant m+n$。求解的优化目标是

$$
J = \sum_{i=1}^{l} [y(i) - \Phi(i)\theta]^2 \tag{3-24}
$$

通过矩阵运算可知，优化目标可变换为下式所示：

$$
J = (\boldsymbol{y} - \boldsymbol{\Phi\theta})^{\mathrm{T}} (\boldsymbol{y} - \boldsymbol{\Phi\theta}) = \boldsymbol{y}^{\mathrm{T}} \boldsymbol{y} - 2\boldsymbol{\theta}^{\mathrm{T}} \boldsymbol{\Phi}^{\mathrm{T}} \boldsymbol{y} + \boldsymbol{\theta}^{\mathrm{T}} \boldsymbol{\Phi}^{\mathrm{T}} \boldsymbol{\Phi\theta} \tag{3-25}
$$

根据极值原理求解上式的最小值，所求出的未知参数解 $\hat{\theta}$ 满足下式所示的条件：

$$
\left. \frac{\partial J}{\partial \boldsymbol{\theta}} \right|_{\theta = \hat{\theta}} = 0 \tag{3-26}
$$

将式 (3-26) 代入式 (3-25)，可得

$$
-2\boldsymbol{\Phi}^{\mathrm{T}} \boldsymbol{y} + 2\boldsymbol{\Phi}^{\mathrm{T}} \boldsymbol{\Phi}\hat{\boldsymbol{\theta}} = 0 \tag{3-27}
$$

为了能求解式 (3-27) 中 $\hat{\boldsymbol{\theta}}$，矩阵 $\boldsymbol{\Phi}^{\mathrm{T}}\boldsymbol{\Phi}$ 需为正定非奇异矩阵，就能找到使优化目标达到最小的参数估计值，此时的优化目标即为全局的最小值：

$$
\hat{\theta} = (\boldsymbol{\Phi}^{\mathrm{T}} \boldsymbol{\Phi})^{-1} \boldsymbol{\Phi}^{\mathrm{T}} y \tag{3-28}
$$

3.3.2 加权最小二乘法

对于所获得的各组不同输入输出数据来说,所蕴含的研究对象的内部机理信息必然不同,因此必然存在不同的"价值"。在利用这些数据建立数据驱动模型时,必然希望将蕴含信息量丰富、价值大的数据在建模过程中占有较大的比重,使其对建模的结果产生较多的影响。因此,在对模型参数进行估计时,通过利用一个数值来表示对输入输出数据的信任程度,也称为权。这种通过权考虑了输入输出数据权重的最小二乘法称为加权最小二乘法。

对于式(3-20),在计算优化目标时,每组输入输出数据的权重是相同的。在依据不同的数据特点,在其优化目标中选择对应的权重 $w(i)$,如下式所示:

$$J = \sum_{i=1}^{l} w(i)\big[y(i) - \Phi(i)\theta\big]^2 \tag{3-29}$$

用矩阵的形式表示为

$$J = (\boldsymbol{y} - \boldsymbol{\Phi\theta})^{\mathrm{T}} \boldsymbol{W} (\boldsymbol{y} - \boldsymbol{\Phi\theta}) \tag{3-30}$$

式中,权矩阵 $\boldsymbol{W}$ 为正定对称的对角矩阵:

$$\boldsymbol{W} = \begin{bmatrix} w(1) & 0 & \cdots & 0 \\ 0 & w(2) & \cdots & 0 \\ \vdots & \vdots & \ddots & \vdots \\ 0 & 0 & \cdots & w(l) \end{bmatrix} \tag{3-31}$$

按照上面介绍的极值原理求解加权的最小二乘法。其优化目标对参数 $\boldsymbol{\theta}$ 的偏微分为

$$\frac{\partial J}{\partial \boldsymbol{\theta}}\bigg|_{\boldsymbol{\theta}=\hat{\boldsymbol{\theta}}_w} = -2\boldsymbol{\Phi}^{\mathrm{T}}\boldsymbol{W}(\boldsymbol{y} - \boldsymbol{\Phi}\hat{\boldsymbol{\theta}}_w) \tag{3-32}$$

令上式等于 0,矩阵 $\boldsymbol{\Phi}^{\mathrm{T}}\boldsymbol{W}\boldsymbol{\Phi}$ 需为正定非奇异矩阵,则可得到加权最小二乘估计值 $\hat{\boldsymbol{\theta}}_w$ 为

$$\hat{\boldsymbol{\theta}}_w = (\boldsymbol{\Phi}^{\mathrm{T}}\boldsymbol{W}\boldsymbol{\Phi})^{-1}\boldsymbol{\Phi}^{\mathrm{T}}\boldsymbol{W}\boldsymbol{y} \tag{3-33}$$

值得注意的是假设上式中的加权矩阵 $\boldsymbol{W}$ 为一单位矩阵,则各项数据的权值是相同的,此时加权最小二乘估计值就为常规的最小二乘估计值。因此,最小二乘估计其实是加权最小二乘估计的一种类型。

3.4　非线性系统的数据驱动方法

非线性系统的数据驱动模型主要利用 NARX 辨识理论来建立,而建立 NARX 模型的关键在于获取模型中的未知非线性函数。需要通过训练数据采用智能的学习算法回归非线性函数的特性。

3.4.1　非线性模型回归方法简介

对于 NARX 模型中未知非线性函数的回归主要依据训练数据通过智能学习算法总结出函数的特性以及规律,采用的方法有机器学习、深度学习等。本节首先对非线性函数的回归方法进行简单介绍,然后详细地介绍了支持向量机算法的原理。

1) 机器学习

对于非线性的系统普遍采用 NARX 模型建立其模型,由式(3-5)所示的 NARX 模型可看出,在对 NARX 模型中的非线性方程进行回归分析时,f 函数形式是未知的。因此,需要采用一些人工智能的非线性系统数据驱动方法对上述的非线性方程进行回归分析。目前用于非线性函数回归分析的方法包括支持向量机、神经网络、遗传算法等机器学习(machine learning)方法。机器学习是一门涉及概率论、统计学、逼近论等多领域的交叉学科[9],它是人工智能的核心内容,是通过计算机实现人类的学习行为,以获取新的知识或技能,并重新组织已有的知识结构使之不断改善自身的性能[10]。机器学习的发展历程大致可以分为四个阶段[11]。

第一阶段是 20 世纪 50 年代中期到 60 年代中期,属于热烈时期。在这个时期,所研究的是"没有知识"的学习,即"无知"学习。其研究目标是各类自组织系统和自适应系统,其主要研究方法是不断修改系统的控制参数和改进系统的执行能力,不涉及与具体任务有关的知识。本阶段的代表性工作是:塞缪尔(Samuel)的下棋程序。但这种学习的结果远不能满足人们对机器学习系统的期望。

第二阶段是在 20 世纪 60 年代中期到 70 年代中期,称为机器学习的冷静时期。本阶段的研究目标是模拟人类的概念学习过程,并采用逻辑结构或图结构作为机器内部描述。本阶段的代表性工作有温斯顿(Winston)的结构学习系统和海斯罗思(HayesRoth)等的基本逻辑的归纳学习系统。

第三阶段从 20 世纪 70 年代中期到 80 年代中期,称为复兴时期。在此期间,人们从学习单个概念扩展到学习多个概念,探索不同的学习策略和方法,且在本阶段已开始把学习系统与各种应用结合起来,并取得很大的成功,促进机器学习的发展。1980 年,在美国的卡内基-梅隆大学(CMU)召开了第一届机器学习国际研讨会,标志着机器学习研究已在全世界兴起。

第四阶段指发展至今的机器学习,当前机器学习围绕三个主要研究方向进行:①面向任务,在预定的一些任务中,分析和开发学习系统,以便改善完成任务的水平,这是专家系统研究中提出的研究问题;②认识模拟,主要研究人类学习过程及其计算机的行为模拟,这是从心理学角度研究的问题;③理论分析研究,从理论上探讨各种可能学习方法的空间和独立于应用领域之外的各种算法。这三个研究方向各有自己的研究目标,每一个方向的进展都会促进另一个方向的研究。研究都将促进各方面问题和学习基本概念的交叉结合,推动了整个机器学习的研究。

H. Simon 认为学习就是指系统在不断重复的工作中对本身能力的增强或改进,使得系统在下一次执行同样或相类似的任务时,会比原来做得更好或效率更高[12]。从 H. Simon 的观点可看出机器学习的基本结构包括外部环境、学习系统、知识库和执行部分,如图 3-3 所示。

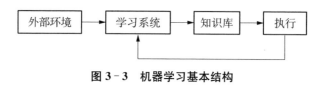

图 3-3　机器学习基本结构

在机器学习过程中,首要的因素是外部环境向系统提供信息的质量;外部环境是以某种形式表达的外界信息集合,代表的是信息的来源。学习系统是将外界环境信息加工形成知识的过程,并利用这些知识修改知识库。知识库中存放指导执行部分动作的一般原则,知识库是影响学习系统设计的第二个因素。知识的表示有多种形式,比如特征向量、一阶逻辑语句、产生式规则、语义网络和框架等。这些表示方式各有其特点,在选择表示方式时需要同时考虑易于表达、易于推理、易于修改和易于扩展4个方面。执行部分是利用知识库中的知识完成某种任务的过程,并把完成任务过程中获得的信息反馈给学习环节,以指导进一步的学习。

2) 深度学习

深度学习的概念源于人工神经网络的研究,由 Hinton 等于 2006 年提出。含多隐层的多层感知器就是一种深度学习结构。深度学习通过组合低层特征形成更加抽象的高层表示属性类别或特征,以发现数据的分布式特征表示。深度学习是机器学习中一种基于对数据进行表征学习的方法。观测值(如一幅图像)可以使用多种方式来表示,如表示每个像素强度值的向量,或者更抽象地表示成一系列边、特定形状的区域等。而使用某些特定的表示方法更容易从实例中学习任务(如人脸识别或面部表情识别)。深度学习的好处是用非监督式或半监督式的特征学习和分层特征提取高效算法来替代手工获取特征。深度学习是机器学习研究中的一个新的领域,其动机在于建立、模拟人脑进行分析学习的神经网络,它模仿人脑的机制来解释数据,如图像、声音和文本。

深度学习与浅学习相比具有许多优点,由此说明引入深度学习的必要性。

(1) 在网络表达复杂目标函数的能力方面,浅结构神经网络有时无法很好地实现复变函数等复杂高维函数的表示,而用深度结构神经网络能够较好地表征。

(2) 在网络结构的计算复杂度方面,当用深度为 k 的网络结构能够紧凑地表达某一函数时,在采用深度小于 k 的网络结构表达该函数时,可能需要增加指数级规模数量的计算因子,这样大大增加了计算的复杂度。另外,需要利用训练样本对计算因子中的参数值进行调整,当一个网络结构的训练样本数量有限而计算因子数量增加时,其泛化能力会变得很差。

(3) 在仿生学角度方面,深度学习网络结构是对人类大脑皮层的最好模拟。与大脑皮层一样,深度学习对输入数据的处理是分层进行的,用每一层神经网络提取原始数据不同水平的特征。

(4) 在信息共享方面,深度学习获得的多重水平的提取特征可以在类似的不同任务中重复使用,相当于对任务求解提供了一些无监督的数据,可以获得更多的有用信息。

深度学习比浅学习具有更强的表示能力,而由于深度的增加使得非凸目标函数产生的局部最优解是造成学习困难的主要因素。反向传播基于局部梯度下降,从一些随机初始点开始运行,通常陷入局部极值,并随着网络深度的增加而恶化,不能很好地求解深度结构神经网络问题。

3.4.2　支持向量回归机

目前广泛应用于非线性系统的机器学习算法主要有神经网络、支持向量机等智能计算技术。它们均适应于非线性系统的数据挖掘,且不需要了解研究对象的先验知识,具有良好的解决黑箱问题的能力。神经网络是近几十年来才发展起来的人工智能学习算法,它是从生物学中的人脑神经学理论中抽象出来的具有自学习能力的一种学习算法。神经网络由大量的神经元组成,这些神经元是信息处理的基本单位,它们通过内部连接组成非线性的、强大的时间动力系统,从而形象地反映了人脑内部的功能特征[13]。但是神经网络中层数和神经元个数的选择、权值的选择需要借助于经验知识,容易只找到局部最优点,会存在维数灾难和过学习现象。而这些缺点在支持向量机算法中可以很好地避免。

本小节以机器学习中支持向量机算法为例来说明其在非线性函数回归分析上的应用。

支持向量机(support vector machine,SVM)是由 Vapnik 在 1995 年提出的一种学习方法[14]。它是建立在统计学习理论的 VC 维理论和结构风险最小原则基础之上的,根据有限的样本信息,在模型的复杂性(即对特定训练样本的学习精度)和学习能力(即无错误地识别任意样本的能力)之间寻求最佳折中,以求获得最好的推广能力,支持向量机的基本思想和优点可包括以下三个方面[15]。

(1)它是专门针对有限样本情况的,其目标是得到现有信息下的最优解,而不仅仅是样本数趋于无穷大时的最优值,能有效地避免过学习现象的产生。

(2)它最终解决的是一个凸二次规划问题,从理论上说,得到的将是全局最优解,解决了在神经网络方法中无法避免的局部极值问题。

(3)将实际问题通过非线性变换转换到高维的特征空间,在高维空间中构造线性决策函数来实现原空间中的非线性决策函数,巧妙地解决了维数问题,并保证有较好的推广能力,而且算法复杂度与样本维数无关。

支持向量机通过核函数,从低维空间映射到高维空间,使非线性问题能够转化为线性可分问题,保证了凸性和解的稀疏性,消除了局部最优解的问题;并以严格证明的统计学习理论为基础,能够用很少的样本进行训练,训练的结果只与支持向量有关,非支持向量不会影响训练结果,保证了其泛化性,如图 3 - 4 所示。

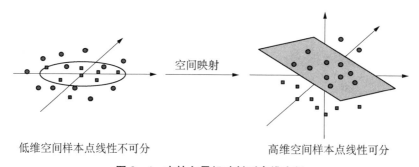

低维空间样本点线性不可分　　　　　　　高维空间样本点线性可分

图 3 - 4　支持向量机映射到高维空间

支持向量机是在研究分类问题的基础上提出的。在理论上,它将非线性问题转化为线性可分问题,应用凸二次规划求得最优解是一个理论的创新,成为解决非线性问题的重要工具,常用来解决分类和回归问题。与传统的学习算法相比,在效率和精度上都与之不相上下,甚至是超过了一些其他的传统算法。

支持向量机用于回归分析的基本思想是将不敏感函数引入到分类支持向量机中,以实现支持向量机的回归预测,不敏感函数不仅使得支持向量回归的鲁棒性增强,同时得到的最终解是稀疏的。不敏感函数 ε 通常包括以下两种不同的模型[16]。

1)线性不敏感损失函数

$$L(x, y - f(x)) = \begin{cases} 0, & |y - f(x)| \leqslant \varepsilon \\ |y - f(x)|, & |y - f(x)| > \varepsilon \end{cases} \tag{3-34}$$

　　线性不敏感损失函数的取值范围如图 3-5 所示。从图中可看出当预测值和真实值之间的误差小于 ε 时,认为此时的损失近似为 0。

　　2) 二次不敏感损失函数

$$L(x,\ y-f(x)) = \begin{cases} 0, & |\ y-f(x)\ | \leqslant \varepsilon \\ |\ y-f(x)\ |^2, & |\ y-f(x)\ | > \varepsilon \end{cases} \tag{3-35}$$

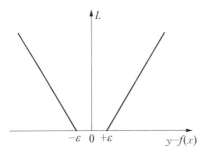

图 3-5　线性不敏感损失函数　　　　图 3-6　二次不敏感损失函数

　　二次不敏感损失函数的取值范围如图 3-6 所示。

　　对于非线性回归问题,支持向量机只需要通过非线性映射,将原来的输入空间内的信息映射到高维的特征空间内,然后在这个空间内做线性回归,其基本原理和数学推导过程如下:

　　对于给定的训练集 S

$$S = \{(x_i,\ y_i),\ i = 1,\ 2,\ \cdots,\ l\} \quad x_i \in \mathbf{R}^n,\ y_i \in \mathbf{R} \tag{3-36}$$

式中,x_i 为输入数据;y_i 为输出数据;l 为训练数据的个数。这些训练集在原始的空间里通常是一个非线性的函数关系,其关系也难以获得。为此,支持向量机通过非线性函数 $\phi(x)$ 将上述训练集映射到一个高维的空间里,在该高维空间里原来的非线性回归问题就转化为一个线性的回归问题,该高维空间通常称为特征空间。其在高维特征空间的线性函数关系如下式所示:

$$\boldsymbol{y} = \boldsymbol{w}^{\mathrm{T}} \phi(x) + b \tag{3-37}$$

式中,w 为权值向量,b 为阈值。

　　根据最小化结构化风险理论可知,支持向量机在进行回归问题分析时,其最优化问题其实是一个结构化风险进行最小化的过程[17]。由结构化风险理论可知,其结构化风险如下式所示:

$$R = \frac{1}{2} \parallel \boldsymbol{w} \parallel^2 + c \sum_{i=1}^{l} L(x_i,\ y_i - f(x_i)) \tag{3-38}$$

式中，$\frac{1}{2} \parallel w \parallel^2$ 表示模型的复杂程度；$\sum\limits_{i=1}^{l} L(x_i, y_i - f(x_i))$ 表示经验风险；c 则为惩罚系数，需要选取大于 0 的数，用于调整模型复杂程度和经验风险之间的平衡关系。可以看出，结构化风险包括置信风险和经验风险两个部分。置信风险反映了特征空间的维度和训练集的数目。要想得到最小的结构化风险，需要折中考虑经验风险和置信范围，除了要控制经验风险外，还需要控制其置信风险。在有限的训练样本下，特征空间的维度越高，支持向量机的复杂性越高，其经验风险就越小，但会导致其置信风险增大，如图 3 - 7 所示。

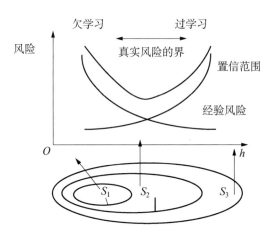

图 3 - 7 结构化风险最小化原理图

为了使支持向量机在解决问题时具有更好的特性，学者们通过对结构化风险中的经验风险进行适当的修改，形成了不同类型的支持向量机，如 v - SVM、BSVM、One - Class SVM、RSVM、LS - SVM(least-square SVM)等。在此，以最小二乘支持向量机(LS - SVM)为例推导出其回归分析过程。最小二乘支持向量机的经验风险为训练集误差的平方和，因此最小二乘向量机的结构化风险为

$$R = \frac{1}{2} \parallel w \parallel^2 + \frac{\gamma}{2} \sum_{i=1}^{l} e_i^2 \tag{3 - 39}$$

其最优化问题转化为以下所示的数学描述：

$$\min_{(w, \gamma)} \frac{1}{2} \parallel w \parallel^2 + \frac{\gamma}{2} \sum_{i=1}^{N} e_i^2 \tag{3 - 40}$$

$$y_i = w^{\mathrm{T}} \phi(x_i) + b + e_i, \ i = 1, 2, \cdots, l$$

为了解决上式中的最优化问题，引入 Lagrange 对偶函数：

$$L(\boldsymbol{w}, b, \boldsymbol{e}, \boldsymbol{\alpha}, \gamma) = \frac{1}{2} \parallel \boldsymbol{w} \parallel^2 + \frac{\gamma}{2} \sum_{i=1}^{l} e_i^2 - \sum_{i=1}^{l} \alpha_i(\boldsymbol{w}\phi(x_i) + b + e_i - y_i)$$

$$(3-41)$$

式中，α_i 为 Lagrange 乘子，依据 KKT 最优条件可知：

$$
\begin{cases}
\dfrac{\partial L}{\partial \boldsymbol{w}} = 0 \rightarrow \boldsymbol{w} = \sum\limits_{i=1}^{l} \alpha_i\, y_i \phi(x_i) \\[2mm]
\dfrac{\partial L}{\partial b} = 0 \rightarrow \sum\limits_{i=1}^{l} \alpha_i = 0 \\[2mm]
\dfrac{\partial L}{\partial e_i} = 0 \rightarrow \alpha_i = \gamma e_i \\[2mm]
\dfrac{\partial L}{\partial \alpha_i} = 0 \rightarrow \boldsymbol{w}^{\mathrm{T}}\phi(x_i) + b + e_i - y_i = 0
\end{cases}
\qquad (3-42)
$$

对于式(3-42)的方程组，消去式中的 $\boldsymbol{w}$ 和 e_i；可得到如下的线性方程组：

$$\begin{bmatrix} 0 & \boldsymbol{E}^{\mathrm{T}} \\ \boldsymbol{E} & \boldsymbol{K} + \gamma^{-1}\boldsymbol{I} \end{bmatrix} \begin{bmatrix} b \\ \boldsymbol{\alpha} \end{bmatrix} = \begin{bmatrix} 0 \\ \boldsymbol{y} \end{bmatrix} \qquad (3-43)$$

式中，$\boldsymbol{E} = [1, \cdots, 1]$；$\boldsymbol{\alpha} = [\alpha_1, \cdots, \alpha_N]^{\mathrm{T}}$；$\boldsymbol{y} = [y_1, \cdots, y_N]^{\mathrm{T}}$。矩阵 $\boldsymbol{K}$ 各元素的计算公式如下所示：

$$k(x_i, x_j)k_{ij} = \phi(x_i) \cdot \phi(x_j) = k(x_i, x_j) \quad i, j = 1, 2, \cdots, l \quad (3-44)$$

式中，$k(x_i, x_j)$ 称为核函数，核函数的选取应使其为高维特征空间的一个点积，核函数的类型有多种，常用的核函数如下：

多项式核函数为

$$k(x, x_i) = [(x \cdot x_i) + 1]^p \qquad (3-45)$$

高斯核函数为

$$k(x, x_i) = \exp\left(\frac{-\parallel x - x_i \parallel^2}{\sigma^2}\right) \qquad (3-46)$$

线性核函数为

$$k(x, x_i) = (x \cdot x_i) \qquad (3-47)$$

最终根据训练集得到的线性拟合函数为

$$f(x) = \sum_{i=1}^{l} \alpha_i k(x, x_i) + b \qquad (3-48)$$

支持向量回归机得到的线性拟合函数的内部结构如图3-8所示。它与人工神经网络不同的地方在于：神经网络的节点是"无结构单元"，在训练过程中，人们无法控制其学习能力，很容易造成过学习状态；支持向量机的结构风险最小化原理很好地控制了维度的上界，可以防止出现过学习的现象。

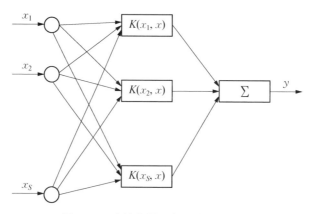

图3-8　支持向量回归机的内部结构

3.5　热力系统数据驱动模型建模案例

本节以燃料电池-燃气轮机混合动力循环中的固体氧化物燃料电池（solid oxide fuel cell，SOFC）为研究对象，通过上述数据驱动方法建立燃料电池温度数据驱动模型，通过该模型来仿真燃料量发生变化时燃料电池阳极和阴极的温度变化过程。

3.5.1　燃料电池温度模型

固体氧化物燃料电池主要由阳极、阴极和电解质层三部分组成。电解质层是离子的良导体，起分隔氢气和氧气的作用，只允许氧离子通过。氧离子穿过电解质层到达阳极表面，氢气与其氧化生成水。氧化过程中释放出自由电子。自由电子通过外电路到达阴极，与空气中氧气发生还原反应生成氧离子。其原理如图3-9所示。

燃料电池的工作温度是燃料电池系统中的重要控制参数，温度太低，无法满足运行要求；而工作温度过高会造成电池密封困难、构件不匹配、工作寿命短、运行成本高等诸多问题，同时还可能导致燃烧室温度过高。

影响燃料电池阳极和阴极温度变化的因素主要有阳极的入口流量以及阴极的

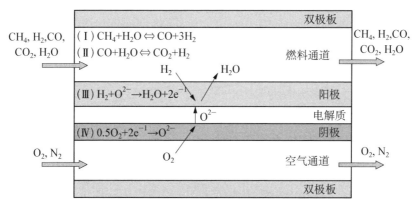

图 3-9 燃料电池原理图

入口流量,因此建立的燃料电池模型为双输入双输出模型。为了能更好地反映出模型阳极和阴极温度的动态特性,在此,对阳极和阴极的温度分别进行了相应的数据驱动建模,建立的模型分别是 NARX1 和 NARX2 模型[18],如图 3-10 所示。

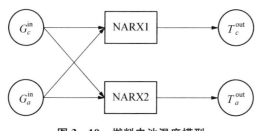

图 3-10 燃料电池温度模型

3.5.2 燃料电池数据驱动温度模型

依据介绍的非线性数据驱动建模方法,我们对燃料电池温度特性进行的数据驱动建模分为了训练数据处理、模型结构参数确定和模型建立、模型回归分析、模型验证四个步骤。

1）训练数据处理

数据驱动模型的训练数据的输入输出如图 3-11 和图 3-12 所示,该数据来自燃料从 67% 阶跃变化到 100% 的仿真实验。由于燃料电池的温度模型是高度非线性的系统,因此在此选用了 NARX 模型建立其相应的数据驱动模型,并利用 LS-SVM 对模型中的非线性函数进行回归分析。

2）模型结构参数确定和模型建立

首先利用得到的输入输出训练数据通过积矩矩阵法判断出模型的结构参数,可得到模型的输入输出阶次均为 5。因此,可得到燃料电池温度模型的 NARX 模

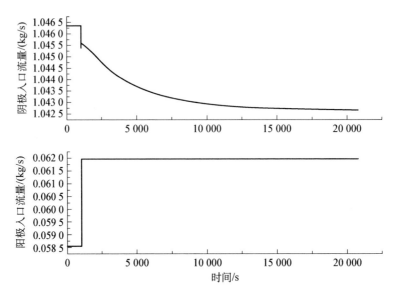

图 3-11　训练数据的输入变量

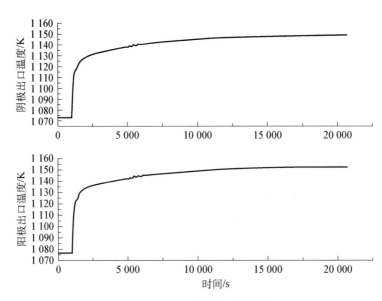

图 3-12　训练数据的输出变量

型的结构形式如下所示：

$$y(t) = f\big[y(t-1), y(t-2), \cdots, y(t-5), u(t-1), u(t-2), \cdots, u(t-5)\big]$$

$$(3-49)$$

3) 模型回归分析

然后利用 LS-SVM 对上式中的非线性函数进行辨识,支持向量机的输入参数为前 5 个时刻的输入输出参数,而输出参数为当前时刻的燃料电池阳极和阴极温度。在对图 3-11 和图 3-12 中的输入和输出参数进行训练后得到了阳极和阴极温度的数据驱动模型。

4)模型验证

最后利用建立的燃料电池的阳极和阴极温度的数据驱动模型,对其他输入条件下的温度动态特性进行建模,并与原始的仿真实验数据相比较,如图 3-13 和图 3-14所示。

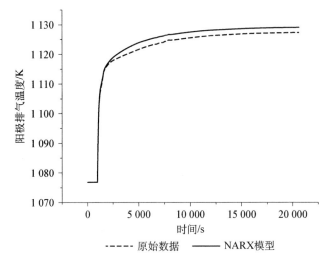

图 3-13　阳极排气温度动态响应曲线

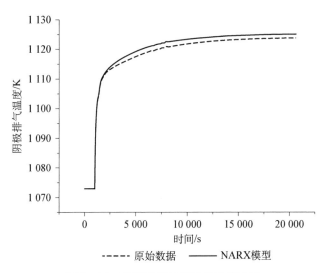

图 3-14　阴极排气温度动态响应曲线

从图中可以看出,建立的数据驱动模型能很好地反映出研究对象的动态特性,其与原始数据的稳态误差只有 2 K 左右,但是该数据驱动模型完全忽略了热力系统内部的机理方程,其在运算效率上要远远超过机理模型。

3.6 本章小结

本章对数据驱动建模理论进行了介绍,首先介绍了数据驱动建模的基本概念以及发展历史。然后,介绍了数据驱动建模的基本过程,并针对线性系统以及非线性系统分别介绍了相应的数据驱动建模方法。最终,以某燃料电池系统为例,利用前面介绍的数据驱动建模方法建立了该燃料电池的数据驱动温度模型。

参 考 文 献

[1] 侯忠生,许建新. 数据驱动控制理论及方法的回顾和展望[J]. 自动化学报,2009,35(6):650-667.

[2] Liu Q, Chai T, Wang H, et al. Data-based hybrid tension estimation and fault diagnosis of cold rolling continuous annealing processes[J]. IEEE Transactions on Neural Networks,2012,22(12):2284-2295.

[3] Tim H W, Retsef L, Paat R, et al. Adaptive data-driven inventory control with censored demand based on Kaplan-Meier estimator[J]. Operations Research,2011,59(4):929-941.

[4] 张凯. 智能交通系统数据驱动研究与应用[D]. 重庆:重庆交通大学,2014.

[5] Petr K, Bogdan G, Sibylle S. Data-driven soft sensors in the process industry[J]. Computers & Chemical Engineering,2009,33(4):795-814.

[6] 张家玮. 基于数据驱动的电动汽车行驶里程模型建立与分析[D]. 北京:北京交通大学,2015.

[7] 江涛. Hammerstein 模型辨识算法的研究[D]. 西安:西安理工大学,2010.

[8] 吴广玉. 系统辨识与自适应控制[M]. 重庆:重庆大学出版社,2003.

[9] Gammerman A. Machine learning: progress and prospects[D]. UK:Royal Holloway:University of London,1996:1-26.

[10] Tom M M. 机器学习(计算机科学丛书)[M]. 北京:机械工业出版社,2014.

[11] 陈凯,朱钰. 机器学习及其相关算法综述[J]. 统计与信息论坛,2007,22(5):105-112.

[12] 徐立本. 机器学习引论[M]. 长春:吉林大学出版社,1993.

[13] 肖迁,李文华,李志刚,等. 基于改进的小波-BP 神经网络的风速和风电功率预测[J]. 电力系统保护与控制,2014,(15):80-86.

［14］ Vapnik V N. The nature of statistical learning theory［J］. IEEE Transactions on Neural Natworks，1997，8(6)：1564.

［15］ 罗瑜. 支持向量机在机器学习中的应用研究［D］. 成都：西南交通大学，2007.

［16］ 徐婷. 基于最小二乘支持向量回归的系统可靠性预测［D］. 镇江：江苏科技大学，2015.

［17］ Zhou D，Zhang H，Weng S. A new gas path fault diagnostic method of gas turbine based on support vector machine［J］. Journal of Engineering for Gas Turbines and Power，2015，137(10)：102605.

［18］ Chen J，Zhang H，Weng S. Study on nonlinear identification SOFC temperature model based on particle swarm optimization-least-squares support vector regression［J］. Journal of Electrochemical Energy Conversion and Storage，2017，14(3)：031003.

第4章 混合建模

　　热力系统是国民经济建设的物质基础,对热力系统的高效改造和升级成为近年来能源领域的重要课题之一。日益复杂的系统优化、运行和维护等领域普遍对系统模型提出了更高的要求,但由于热力系统具有非线性、多变量耦合以及速度不同的热力过程交织在一起等特点,其建模问题一直是富有挑战性的研究课题之一。目前,热力系统的建模大致有机理建模、数据驱动建模和混合建模三种方法,其中机理建模和数据驱动建模在前面章节已经进行了介绍,这一章主要对混合建模技术进行阐述。

4.1 混合建模简介

　　纯机理模型和基于数据驱动的模型都各有优缺点[1]：前者能够从本质上反映过程的规律,可靠性高,外推性好,具有可解释性,其缺点是建模过程比较烦琐,对一些复杂过程而言,能得到机理模型一般也是经过若干简化的模型。后者直接根据过程的输入输出数据建模,几乎无须过程的先验知识,但是缺点也是显而易见的,以神经网络为例,作为一种黑箱建模方法,学习速度慢,推广性能差,并且模型不具有可解释性,难以确定合适的网络结构和学习终止指标,容易造成过拟合现象,甚至噪声也被拟合进来。混合使用多种建模方法建立对象的数学模型,可以达到各种方法取长补短的效果,若系统有先验的物理知识可以利用,则尽量利用,以把黑箱模型转化为灰箱模型,从而把机理方法和统计方法相结合,这种将机理模型和数据驱动模型相结合的部分可解释模型称为混合模型,混合模型在复杂过程或系统的建模方面往往能够取得较好的效果,如图4-1所示。这几种建模方法的特

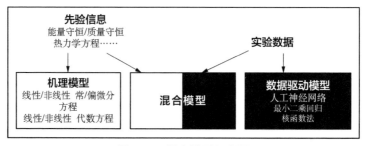

图4-1　混合模型示意图

点如表 4 - 1 所示。

表 4 - 1　几种建模方法的优缺点

方法	优点	缺点
机理建模	反映过程的内部结构和机理,内插性、外延性和可移植性好	对于复杂系统,建模困难
数据驱动建模	仅需要正常工况下的过程数据,方法简单	外延性差,需要大量数据,容易过拟合,变量的物理意义不明确
混合建模	能够充分利用机理知识和过程数据,精度有所提高	不同系统建模方法选择不同,需要一定经验

4.2　混合建模方法

混合建模的优点是能够将机理模型和数据驱动模型进行结合,这种结合的方法大致分成四种方式[2]：串联方式、并联方式、混联方式和先验知识。

首先假设一个非线性动态过程的模型如：

$$x(k+1) = f(x(k), u(k), d(k)) \tag{4-1}$$

$$y(k) = g(x(k)) \tag{4-2}$$

式中,$x(k)$ 为状态量,$u(k)$ 为输入量,$d(k)$ 为扰动量,$y(k)$ 为输出量,$f(x)$ 和 $g(x)$ 为非线性函数。在实际过程中,$f(x)$ 和 $g(x)$ 有时难以直接得到,此时,可以对系统的已知机理部分进行机理建模,采用数据驱动建模方法对系统的未知机理部分或难以进行机理建模部分进行辨识,机理模型与数据驱动模型相互补充。也就是说,一方面机理模型为数据驱动模型提供了过程的先验知识,降低对样本数据的要求,另一方面数据驱动模型补偿了机理模型的未建模特性[3]。

4.2.1　常见的混合建模方法

混合模型从连接方式上可以分为四种：串联方式、并联方式、混联方式和先验知识。

1）串联方式

某些系统中,想要确定机理模型的结构,但含有未知变量或未知函数,这就限制了机理模型在实际系统中的应用。如果能够利用系统的测量数据,对机理模型中的未知部分进行辨识,提高系统的"白化"程度,将大大提高模型的精度,并且便于过程的控制[4]。

假设式(4-2)中非线性函数 $f(x)$ 中包含非线性参数 p，则有

$$f(x) = k(x, u, p, d) \tag{4-3}$$

式中，非线性参数 p 很难从机理模型中获得。则可以通过图 4-2 所示方式进行建模。

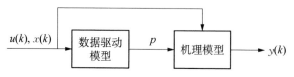

图 4-2　串联方式 1 的混合模型示意图

图 4-2 给出了机理与数据相结合的串联型混合模型的结构。利用先验知识建立系统的机理模型后，利用基于数据的方法对非线性参数 p 进行辨识，并将已辨识的参数 p 代入机理模型中，从而建立了串联型混合模型。

串联方式的另外一种形式是先进行机理模型创建，然后将机理模型计算的结果送入数据驱动模型，这种建模方式一般是模型中的参数 p 与输入参数具有确定的关系，且关系可以通过机理信息确定，即

$$p = p(x, u) \tag{4-4}$$

式中，y 很难通过机理的方式直接获得。y 同输入 u 和过程量 x 的确定关系，则可通过图 4-3 所示方式进行建模。

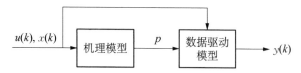

图 4-3　串联方式 2 的混合模型示意图

一般来说，对于非线性强的复杂系统，只要其机理模型的结构确定，便可以采用串联型混合模型的方法进行建模。但是，当非线性参数过多时，时间消耗和算法复杂度也将随之增加[5]。

2）并联方式

机理模型的建立通常都基于一定的假设条件，机理模型与实际过程之间存在建模误差。建模误差是系统的不确定性、扰动等的综合影响结果。如果能够估计出建模误差，将其叠加到机理模型的输出上，将大大提高系统模型的精度[6]。

可以直接使用公式(4-1)中的非线性模型，或者为了简化其建模过程将其转

化为线性形式,则

$$x_{\mathrm{L}}(k+1) = f_{\mathrm{L}}(x(k), u(k), d(k)) \tag{4-5}$$

$$y_{\mathrm{L}}(k) = g_{\mathrm{L}}(x(k)) \tag{4-6}$$

式中,x_{L} 为线性化后的状态量,y_{L} 为线性化后的输出量,f_{L} 和 g_{L} 为线性化后的函数。简化后的模型忽略了系统的非线性,其输出与实际输出之间必定存在误差。在实际情况下建立的非线性方程也不可避免地会出现误差,因此如果采用非线性模型也不会影响此建模方法的进行。

在并联型混合模型中,数据驱动模型主要用来补偿简化机理模型中的未建模部分(即建模误差),充当误差估计器的角色,最终混合模型的输出是机理模型输出与数据驱动模型输出的叠加和,即

$$\hat{y}(k) = \hat{y}_{\mathrm{L}}(k) + \hat{y}_{\mathrm{data}}(k) \tag{4-7}$$

式中,$\hat{y}_{\mathrm{data}}(k)$ 为数据驱动模型的输出。图 4 - 4 给出了机理与数据相结合的并联型混合模型的结构。

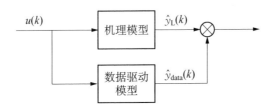

图 4 - 4　并联方式的混合模型示意图

3) 混联方式

混联型混合模型就是将机理模型和数据驱动模型通过串、并联方式结合在一起而得到的模型,一个简单的混联模型如图 4 - 5 所示。该方法试图最大限度地利用系统的机理知识和历史数据,保证混合模型的可解释性和建模精度。但是,当模型过于复杂时,将可能导致误差的传递,得不偿失。

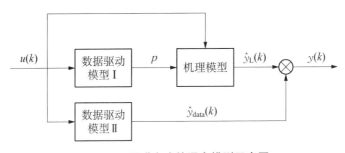

图 4 - 5　混联方式的混合模型示意图

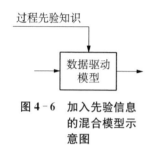

图 4 - 6 加入先验信息的混合模型示意图

4）先验知识

另一种混合模型的形式是加入先验信息的混合模型，在这种情况下，建模过程中通常将各种各样的机理知识作为不同的先验条件加入经验模型中，先验条件对经验模型的输出进行一定的制约，使其满足过程的内在机理知识，以此建立混合模型。机理知识都是通过各种各样的内在机理信息进行抽象化后得到的，这些知识可在较大范围内准确地描述整个过程的一些特定属性。许多文献已经证明，将机理知识加入到建模中可很大程度地提高模型的预测性能。加入先验信息的混合模型建模过程如图 4 - 6 所示。

加入先验信息的方法同上面的串 1 并联有所不同，首先这种方法对先验信息的形式有较高的要求，同时不同的辨识模型对先验信息的融合方式也不同，需要两者之间有效地配合才能发挥作用，但优点是混合过程比较有针对性。

从机理提取的先验知识中，较容易实现的便是单调性先验知识。如 PAVAFF 算法是目前使用较为广泛的单调性回归方法，算法将单调性先验知识加入到回归模型中，限制模型的输出使其符合单调性。基于此的改进 PAVAFF 算法，通过使用核回归函数来达到估计函数的光滑性。以上两种方法解决的都属于单输入回归问题，但是在复杂过程中，大多数问题都属于多输入、多输出问题，因此需要高维单调回归建模方法。MonBoost 算法将单调性知识引入样条回归，解决了多输入、多输出的单调回归问题。这些都是将单调性知识与数据驱动模型结合的例子。在支持向量机模型中加入先验知识，可以将先验知识单变量约束和多变量约束的形式加入到支持向量回归中，这些也有了应用，并且工业界的应用也取得了较好的效果[7]。

4.2.2 方法对比与分析

混合模型的建模方法大致可以分成四类，但针对具体的问题选用什么样的建模方法仍然没有确定的选择方法，下面对各种建模方法的优缺点和针对具体问题的适应性进行阐述。

1）串联型混合模型

串联型混合模型通常利用非参数模型估计先验模型中的未知参数或者未知函数，然后再用先验模型进行预报。串联型混合模型保留了先验模型的结构，从而保证了混合模型的输出特性，这种结构比较适合于过程的部分机理知识缺失，机理模型的精确度欠佳，但同时过程具有大量的输入、输出数据可供使用，但其预报能力受先验模型影响很大。总的来说，串联型混合模型在热力系统建模领域占据一席之地,特别是热力系统部分部件无法建立准确的经验模型,同时系统的构成又符合串联结构的情况下,串联方式有时能够取得很好的模型预测效果。

2) 并联型混合模型

并联型混合模型是将先验模型和数据驱动模型的输出叠加作为混合模型的输出,其中叠加方式可以是将两者的输出结果进行相加,也可以是相乘。其中先验模型一般是为了保证混合模型的全局特性,而非参数模型则充当函数逼近器,用于弥补先验模型的建模误差。混合模型的并联结构主要应用于过程机理模型已知,但模型预测性能较差的情况下,由于过程的高度非线性、动态特性以及一些未知因素,过程机理模型虽然能够建立,但是性能并不理想,这时使用并联结构,经验模型的加入将会使得过程模型的预测性能有较大的提高。同时,如果经验模型和机理模型的输出结果在某些区域较为准确,其他区域效果较差,两者之间可以互为补充,也可以使用并联方式的叠加,通过在不同工作区域赋予两者之间不同的权重比例,比如在外推情况下给予机理模型的输出更大的权重比例,最终这种混合模型一般能够得到较好的输出结果[8]。

3) 混联型混合模型

混联型混合模型是串联结构和并联结构的结合,并没有固定的结构形式,一般混联型混合模型同实际系统的结构有关,同时并联型结构充当弥补其他部分误差的作用,混联型混合模型在一定程度上更加接近实际的情况,建模过程较为灵活,但是其缺点也比较突出,主要表现在两个方面,一方面由于结构的不确定性,建模结果不太容易确定,另一方面由于使用了较多的模块,可能导致建模误差的传递,且模型运行区间的瓶颈可能是由数据驱动模型确定的。

4) 先验知识型混合模型

先验知识型混合模型将知识注入数据驱动模型中,模型的建立由两部分组成,先验知识的提取、数学化表达和数据驱动模型的注入。建模的主要难点在于数据驱动模型一般是普适性模型,解释性很差,很难将复杂的知识注入模型,现在普遍使用的神经网络模型和支持向量机模型中,先验信息的注入一般被限定在光滑性和单调性等简单的信息,极大地限制了先验知识型混合模型的使用,该建模过程的主要瓶颈不同于前三种的结构、形式的不确定性,而在于理论方面的不足。

4.3　热力系统混合建模案例

在本节中将通过燃气轮机这种常用的热力系统案例来阐述不同的混合建模方法和实际的效果。

4.3.1 燃气轮机的建模方法介绍

机理建模是对系统内在机理进行分析,利用基本的物理定律如质量守恒定律、能量守恒定律等推导出系统模型的方法。传统的燃气轮机模型大多采用这种方法,但实际上,燃机的机理建模存在着不少局限性和缺陷:①对系统需要有充分和可靠的先验知识;②高度复杂的系统模型在形式上比较复杂;③全局掌握内部机理在很多情况下仍然无法实现。在具体的燃气轮机机理建模时,机理模型的构建依赖燃机部件的特性曲线。特性曲线的准确性相当程度上影响了整个燃机模型的准确性。如果考虑到上述机理建模的缺陷和对特性曲线的准确性存疑时,数据驱动模型和混合建模的方法将显示其优越性。

燃气轮机的数据驱动模型通过对测试数据的处理,获得描述这些输入输出数据间影射关系的经验公式。由其建立的模型称为经验模型。主要的经验建模方法有:①基于回归分析的建模方法;②基于系统辨识的建模方法;③神经网络建模方法。其中,神经网络建模方法是利用燃机实际运行参数,使用神经网络构建燃机特性曲线各个参数之间的关系,用以取代或修正机理建模中使用的特性曲线。这种方法具有以下几种特点。

(1) 非线性映射能力:充分逼近任意复杂的非线性关系。

(2) 泛化功能:能够处理那些未经训练过的数据,而获得相应于这些数据的合适解答。

(3) 适于多变量系统:可多输入、多输出。

(4) 高度并行处理,进行快速地大量运算又具很强的容错能力。

4.3.2 燃气轮机混合建模的方案介绍

本节根据燃气轮机本身的特点以及仿真过程中参数间的关联关系,设计了并联、串联两种混合建模方案,并对两种方案进行对比分析。

1) 并联型混合模型(机理模型+人工神经网络修正)

具体形式是:向机理模型中输入燃机实际运行的相关参数,得到一组机理模型输出截面参数,将这一组数据和对应的实际运行截面参数求偏差,将这一偏差值作为神经网络模拟的输出参数。经过训练和检测,得到关于燃机相关参数和输出偏差的神经网络关系函数。机理模型的输出加上神经网络关系函数计算得到偏差作为混合模型的输出。

举例来说,如果对燃机整体做混合建模校核,并联型神经网络的输入为燃气轮机的输入参数:n_1、n_2、P_1、T_1、IGV;神经网络的输出参数为燃机截面参数的偏差(实际运行数据与查特性线数据的差):ΔP_2、ΔT_2、ΔP_{34}、ΔT_{34}。燃机混合模型

的输出为燃机机理模型的输出加上上述神经网络计算得到的偏差,如图 4 - 7
所示。

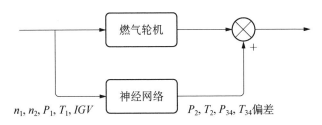

图 4 - 7　对燃机整体的并联型混合模型结构校核

如果对燃机部件的混合建模校核,以压气机为例,并联型神经网络的输入参数
为压气机的输入量:P_1、T_1、P_2、n_1、IGV;神经网络的输出参数为折合流量和效
率的偏差(实际运行参数数据与查特性曲线数据的差):ΔQ、ΔE。压气机混合模
型的输出为压气机机理模型的输出加上上述神经网络计算得到的偏差,如图 4 - 8
所示。

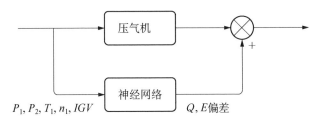

图 4 - 8　对压气机部件的并联型混合模型结构校核

2) 串联型混合模型(人工神经网络＋机理模型)

具体形式是:利用实际燃机运行数据,针对各个部件,将部件特性曲线参数作
为神经网络的输入输出参数。例如压气机的神经网络建模,输入参数为压比 $\pi =
P_1/P_2$、折合转速、压气机进口温度;输出参数为压气机效率和流量。经过训练和
检测得到这些参数之间的非线性关系函数。这一神经网络关系函数用来代替特性
曲线,作为燃气轮机混合模型中的经验模型。在 Matlab 模型中,用神经网络替换
特性曲线,相当于用神经网络关系函数代替了插值法。除了特性曲线外其他部分
仍采用机理模型的方法。

4.3.3　结果分析

本节分别对 4.3.2 节中提出的两种模型进行测试与结果分析。

神经网络训练与测试数据来源于某机组 2016 年实际运行数据。考虑到所建混合模型是针对稳定工况下运行的燃机,因此要对原始数据进行审核与筛选。定义燃机是否处于稳定工况的判断方式不局限于一种,这里选择通过观察燃机的高压涡轮转速 n_1 来界定燃机是否处于稳定工况。为了保证神经网络训练的准确性,训练样本应该尽量覆盖燃机运行的全部稳定工况,并进行降噪处理(见表4-2)。

表4-2 部分训练数据示意图

n_1	n_2	P_1	T_1	IGV	T_{34}	P_{34}	P_2	T_2
9 151.030 3	5 200.298 3	13.841 625	40.725 887	24.138 489	1 293.149	46.854 187	223.372 65	750.326 17
9 152.341 8	5 198.496 1	13.851 496	40.775 65	24.128 893	1 292.817 4	46.819 603	223.462 83	750.283 51
9 149.572 3	5 200.208	13.849 188	40.659 931	24.171 299	1 292.455 8	46.853 363	223.606 14	750.127 99
9 148.990 2	5 200.388 2	13.846 401	40.589 542	24.128 193	1 293.446 3	46.857 002	223.497 89	750.366 88
9 150.301 8	5 199.486 8	13.847 626	40.525 49	24.054 195	1 292.354 1	46.809 868	223.674 8	749.350 34
9 149.864 3	5 200.568 4	13.847 328	40.457 672	24.114 552	1 293.262 5	46.852 303	223.550 32	750.889 89
9 147.678 7	5 198.585 9	13.844 416	40.577 858	24.178 574	1 292.616 2	46.814 941	223.362 61	749.702 88
9 147.533 2	5 200.027 8	13.849 707	40.528 061	24.131 973	1 293.228 5	46.837 952	223.570 98	750.467 16
9 150.009 8	5 199.036 6	13.846 83	40.643 78	24.164 986	1 293.018 1	46.825 905	223.285 43	750.132 75
9 149.135 7	5 199.847 7	13.843 91	40.641 243	24.208 244	1 293.844	46.844 559	223.357 06	750.399 72
9 152.196 3	5 200.117 7	13.850 521	40.709 732	24.106 781	1 293.424 4	46.823 479	223.422 85	750.139 95
9 152.050 8	5 197.595 2	13.853 937	40.707 901	24.162 483	1 292.649 9	46.802 528	223.045 87	749.949 58
9 150.301 8	5 201.109 4	13.850 128	40.641 243	24.073 257	1 292.474 9	46.837 158	223.551 91	750.084 9
9 146.950 2	5 200.027 8	13.842 251	40.577 858	24.225 861	1 292.939 2	46.831 955	223.304 2	749.759 52

神经网络类型设定为适用范围最广的 BP 网络类型,如图4-9所示。

图4-9 人工神经网络类型设定

在进行数据训练时,神经网络的隐藏层数与拟合参数需要根据检验结果进行调整,反复调整到最佳的隐藏层数与拟合参数(见图4-10和图4-11,其中图4-10中隐藏层为10层)。

1)燃机整机的并联型混合建模

将燃机整体机理模型用人工神经网络修正,神经网络的输入输出如4.3.2节

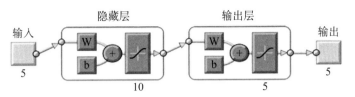

图 4－10　人工神经网络结构示意图

showWindow	true	mu	0.001
showCommandLine	false	mu_dec	0.1
show	25	mu_inc	10
epochs	1000	mu_max	10000000000
time	Inf		
goal	0		
min_grad	1e-07		
max_fail	6		

图 4－11　人工神经网络拟合参数设置

的图 4－7 所示。混合模型的输出为机理模型的数据加上神经网络的修正值。并联型混合模型与纯机理模型仿真结果比较如图 4－12～图 4－14 所示。

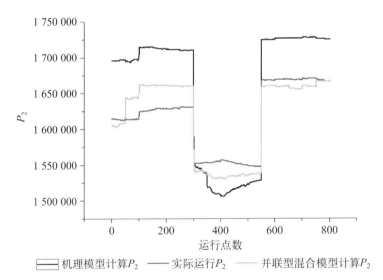

图 4－12　压气机出口压力 P_2 对比图

比较燃机各个截面参数的混合模型拟合值与机理模型计算值可以看出,除极少数运行点,燃机并联型混合模型的输出结果都要比机理模型计算所得到的结果更接近实际运行数值。并且在数据趋势方面,混合模型由于对实际数据与机理模型数据的偏差进行训练,得到的关系函数"记忆"了相应的趋势走向,因此相对于纯

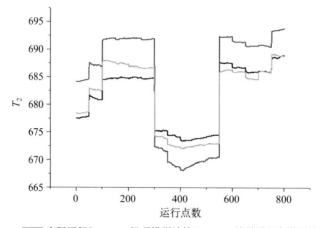

图 4-13 压气机出口温度 T_2 对比图

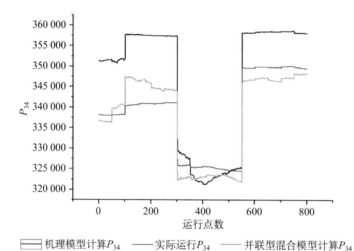

图 4-14 高压涡轮机出口压力 P_{34} 对比图

机理模型,混合模型在很大程度上与实际数据运行趋势更加吻合。

但值得注意的是,混合模型中的神经网络部分,极其依赖样本的多样性与广泛性。如果提供给神经网络训练的样本工况分布不够全面,覆盖范围不够广,那么得到的相应关系函数就无法正确处理未训练工况下的数据,也称为神经网络的外延性不够好。导致的结果可能是在未训练工况下,混合模型的仿真结果甚至会比纯机理模型的计算数据更偏离实际运行数据。

2) 压气机部件的并联型混合建模

将压气机机理模型用人工神经网络修正,神经网络的输入输出如 4.3.2 节的图 4-8 所示。压气机部件的并联型混合建模方案与压气机机理模型仿真效果比较如图 4 - 15 和图 4 - 16 所示,以效率为例。

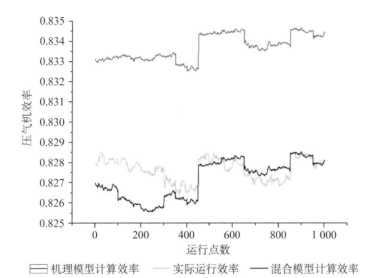

图 4 - 15　压气机效率对比图

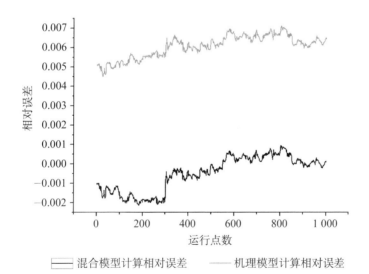

图 4 - 16　压气机效率相对误差

3) 压气机部件的串联型混合建模

将压气机性能参数用神经网络模拟。神经网络的输入参数为:压气机入口温度 T_1,压气机入口压力 P_1,压气机出口压力 P_2,压气机转速 n_1。神经网络的输出参数:压气机的折合流量 Q 和压气机的效率 E。

训练与测试时将数据点随机打乱,选取其中部分数据点(约 70%)作为训练样本,余下数据点作为检测样本。其中,训练样本的选取要满足覆盖工况范围大这一条件。

经过测试与对比,在隐藏层设置为 17 层时神经网络模拟的效果最佳,各参数拟合效果如图 4-17~图 4-22 所示(实线曲线为燃机实际运行数据,虚线曲线为神经网络测试模拟数据)。

(1)压气机流量 Q。

(2)压气机效率 E。

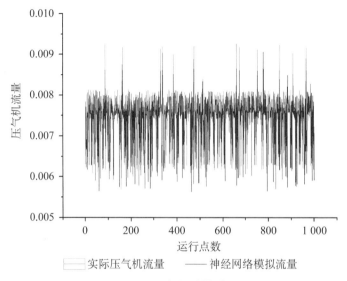

图 4-17 压气机流量对比图

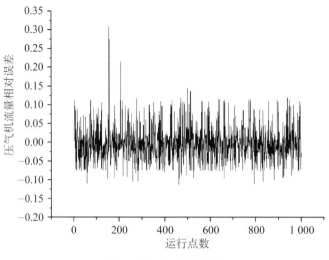

图 4-18 相 对 误 差

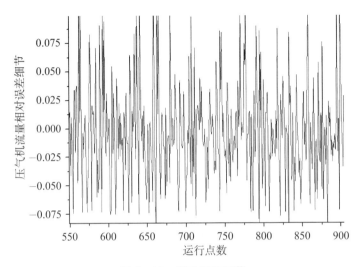

图 4 - 19　相对误差细节

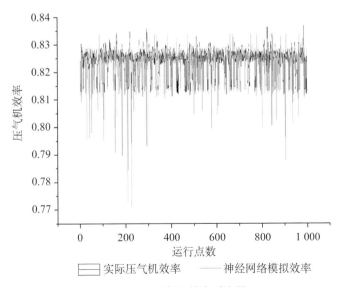

图 4 - 20　压气机效率对比图

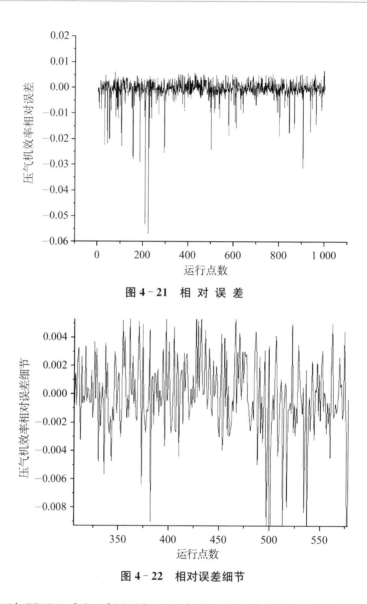

图 4 - 21　相 对 误 差

图 4 - 22　相对误差细节

　　从上面各图可以看出,采用压气机的串联型混合建模时,神经网络模拟数据与实际燃机运行数据相比,在剔除明显偏差数据之后,压气机效率 E 模拟数据与实际数据的相对误差在 0.5% 以内;并且在所选取的工况范围内,模拟数据和实际数据曲线趋势相同,数值上几乎一致,拟合效果非常好。压气机流量 Q 在整体上模拟效果稍差,主要体现在高工况下部分数据趋势不同,峰值上也存在差异;低工况下模拟数据和实际数据趋势大致相同,峰值也存在不同。从相对误差来看,剔除明显偏差数据之后,绝大部分相对误差在 5% 以内。

4.4　本章小结

本章对热力系统的混合建模进行了介绍,首先介绍了混合建模的基本理论以及相对于机理建模和数据驱动模型的优缺点。然后,介绍了混合建模的基本方法和四种基本类型,并针对燃气轮机这种常见的热力装置,分别介绍了两种混合建模方法。以某机组 2016 年实际运行数据为基础,利用上述介绍的混合建模方法建立了燃气轮机整机并联模型与压气机部件串联模型两种混合模型,并将混合模型的仿真结果与纯机理模型仿真结果进行了对比。

参 考 文 献

[1] 孙彬,曾凡明. 基于神经网络的柴油机混合建模方法研究[J]. 船海工程,2007,(02): 48 - 50.

[2] 孔庆福,李军华,戴余良,等. 船用柴油机混合建模方法研究[J]. 船舶工程,2014,36 (01): 33 - 36.

[3] Liu Q,Chai T,Wang H,et al. Data-based hybrid tension estimation and fault diagnosis of cold rolling continuous annealing processes[J]. IEEE Transactions on Neural Networks, 2012,22(12): 2284 - 2295.

[4] 杨敏. 基于数据驱动的非线性建模方法的研究[D]. 杭州:浙江大学,2011.

[5] Tom M M. 机器学习(计算机科学丛书)[M]. 北京:机械工业出版社,2014.

[6] 成祥. 结合机理信息和数据驱动模型的混合智能建模研究[D]. 上海:华东理工大学,2016.

[7] 赵灵晓. 基于部件神经网络模型的制冷系统混合仿真方法及应用[D]. 上海:上海交通大学,2010.

[8] 李晓光. 混合建模方法研究及其在化工过程中的应用[D]. 北京:北京化工大学,2008.

第5章 灰色模型

由于科技水平的限制,热力系统的信息往往不是全部已知的,这种不确定系统无形中给建模带来了不小的难度。学者把"部分信息已知,部分信息未知"的不确定系统称为灰色系统。针对灰色系统,学者提出一种灰色模型来认识系统的运行规律和本质特征,并据此进行科学预测。本章将分为四部分对灰色模型进行介绍,分别是灰色系统概述、灰色模型基础、灰色关联分析和典型的一阶单变量灰色模型GM(1,1),并给出两个应用案例。

5.1 灰色系统概述

在系统研究中,由于扰动的存在和认识水平的局限,人们得到的信息往往带有某种不确定性。"信息不完全"的系统称为灰色系统,简称灰系统。随着科技的发展和人类社会的进步,人们对不确定性的研究也日益深入。到 20 世纪后半叶,系统科学和系统工程领域涌现出各种有关不确定性的系统理论和方法,其中就包括我国学者邓聚龙于 1982 年创立的灰色系统理论[1]。灰色系统理论主要包括以下几个方面:灰数及其运算、灰色序列算子与灰色预测、灰色关联分析、灰色聚类评估、灰色决策、灰色组合和灰色控制等[2]。

灰数及其运算是灰色系统理论的基础,其以"灰数"为单元,建立了一套新的灰色运算体系。灰色序列算子包括缓冲算子、均值生成算子、级比生成算子、累加生成算子和累减生成算子等,它是弱化数据序列随机性的一种数学手段,通过对原始数据的挖掘和处理使其显示出规律性。灰色预测是指在灰色序列算子生成的灰色序列的基础上,经过差分方程与微分方程之间的互换,利用离散的数据序列建立连续的动态微分方程,预测出未知的序列量。灰色关联分析是基于序列关联性来判别序列联系紧密程度的方法,其基本思想是根据序列曲线几何形状的相似程度来判断。灰色聚类评估是根据灰色关联矩阵或灰数的白化权函数将一些观测指标或观测对象划分为若干个可定义类别的方法。灰色决策是在决策模型中含灰元或一般决策模型与灰色模型结合的情况下进行的决策,重点研究方案的选择问题。灰色组合指将灰色系统理论方法与其他许多方法结合起来的方法,比如灰色系统与计量经济学、生产函数、人工神经网络、马尔科夫模型等"组合"构成的模型及应用。灰色控制主要包括两类,一类是控制系统含有灰参数的情形,另一类是运用灰色系统的分析、建模、预测、决策,以此为基础实现系统的控制。

经过几十年的发展,灰色系统理论已建立起基本框架并发展为一门新兴学科,感兴趣的读者可以自学,本章不再赘述[3,4]。这里主要从灰色建模的角度出发,简单介绍这种新型建模方式,给出灰色建模在热力系统中的应用案例,并探索其与传统建模方式的区别。

5.2 灰色模型简介

灰色模型是预测的基础,而预测又是控制、规划、决策的前提。因此,灰色模型是整个灰色理论体系的基石。灰色模型的建立机理是根据系统的普遍发展规律,建立一般性的灰色微分方程,然后通过对数据序列的拟合,求得微分方程系数,从而获得灰色模型方程。灰色模型的研究对象为"信息不完全"的小样本,一般其样本容量至少为 4 个;研究方法是利用小样本建模;研究目标是通过对动态信息的利用、开发和加工,建立微分方程模型。灰色模型主要包括 4 种 GM(1,1)基本模型(即均值 GM(1,1)模型)、离散 GM(1,1)模型、均值差分 GM(1,1)模型、原始差分 GM(1,1)模型。

5.2.1 灰色模型序列生成

灰色序列生成,其实质就是对原始序列进行变换,通过对原始数据的变换使具有冲击扰动的系统减少冲击波的干扰。常见的序列算子有缓冲算子、初值化生成算子、均值化生成算子、区间值化生成算子、累加生成算子与累减生成算子等。其中最为常用的是累加生成算子、累减生成算子以及它们的变形。

累加生成:设 $X^{(0)} = \{x^{(0)}(1), x^{(0)}(2), \cdots, x^{(0)}(p)\}$ 为原始序列,D 为序列算子 $X^{(0)}D = \{x^{(0)}(1)d, x^{(0)}(2)d, \cdots, x^{(0)}(p)d\}$。

若

$$x^{(0)}(k)d = \sum_{i=1}^{k} x^{(0)}(i), k = 1, 2, \cdots, p \tag{5-1}$$

则称 D 为 $X^{(0)}$ 的累加生成算子,记为 AGO。

若

$$x^{(0)}(k)d = x^{(0)}(k) - x^{(0)}(k-1), k = 2, 3, \cdots, p \tag{5-2}$$

则称 D 为 $X^{(0)}$ 的累减生成算子,记为 IAGO。

累加生成和累减生成都是使灰色过程变白的有效方法,这两种方法互为逆变换。通过累加的方式可以看出序列累积的发展态势,使凌乱的原始数据中蕴含的积分特性或规律充分显露出来,是一种较为常见的处理原始数据的方式。

5.2.2 灰色模型建模过程

把只知道取值范围而不知其确切值的数,称为灰数。实际应用中,灰数是指某一个区间或某个一般的数集内取值的不确定数,通常用记号"$\otimes$"表示。含有灰参数的微分方程称为灰色微分方程。基本的灰色模型通常称为 GM(a, b) 模型,其中 a 为模型中微分方程的阶数,b 为模型中的变量数。

灰色模型的基本思想:用原始数据组成原始序列,经累加生成法生成序列,它可以弱化原始数据的随机性,使其呈现出较为明显的特征规律。在任何一个灰色系统的发展过程中,都会有一些随机扰动和驱动因素随着时间的推移不断地进入系统,使系统的发展受其影响。以 GM$(1, N)$ 的预测模型为例,显然预测时刻越远,预测的意义越弱。据此提出一种新陈代谢 GM$(1, N)$ 模型,其基本思想为越接近的数据对未来的影响越大。也就是说,在不断补充新信息的同时,去掉意义不大的老信息,这种动态的建模序列更能反映出系统最新的特征,其本质是一种动态预测模型。

灰色模型的建模步骤如下:

(1) 语言模型。建立语言模型首先要开发思想,然后明确目的、目标、途径和措施。将这些思想开发的成果用简练、准确的语言表述,便成为语言模型。

(2) 网络模型。在这一步,对语言模型各种显露的和内涵的因素进行分析,然后找出各因素间的前因后果关系并用框图表示,最后将相应的多个环节彼此连通,便得到网络模型。

(3) 量化模型。这一步是找出各个环节前因后果的数量关系,填入框内,即是量化模型。

(4) 动态模型。这一步是寻找环节的前后因素间的动态关系,也就是将前因与后果的时间序列做生成处理后,建立动态模型。

(5) 优化模型。这一步属于决策阶段。在对动态模型进行分析后,提出具体措施,改变动态模型的结构、参数、外因素作用点,进行系统重组,达到优化配置、改善系统动态品质的目的,使系统按照预期的变化过程发展。

基于灰色模型方法的优点:不需要大量样本,样本不需要有规律性分布,计算工作量小,定量分析结果与定性分析结果不会不一致,灰色预测准确度高。

基于灰色模型的方法的缺点:不适合长期预测。

5.2.3 典型灰色模型 GM(1, *n*)

当灰色预测中需要考虑多个产生影响的变量时,传统上可以在 GM(*a*, *b*)中解决,其中最常用的是 GM(1, *n*)模型。GM(1, *n*)模型是具有 *n* 个系统数据序列,白化方程为一阶的灰色预测模型,该模型的 *n* 个序列中有一个为待预测的系统特征序列,其他为相关因素序列。

GM(1, *n*)的建模和求解过程如下[5]:

给定原始数据列设有 *n* 个影响系统的变量 $x_1, x_2, \cdots, x_n$,每个变量有 *p* 个时刻的数据,即

$$x_i^{(0)} = \left[x_i^{(0)}(1), x_i^{(0)}(2), \cdots, x_i^{(0)}(p) \right], (i = 1, 2, \cdots, n) \tag{5-3}$$

对序列进行一次累加生成 1 - AGO,得到

$$x_i^{(1)} = \left[x_i^{(1)}(1), x_i^{(1)}(2), \cdots, x_i^{(1)}(p) \right] \tag{5-4}$$

其中 $x_i^{(1)}(k) = \sum_{m=1}^{k} x_i^{(0)}(m), k = 1, 2, \cdots, p, i = 1, 2, \cdots, n$。

$x_i^{(1)}$ 序列满足下述一阶线性微分方程模型:

$$\frac{\mathrm{d}x_1^{(1)}}{\mathrm{d}t} + ax_1^{(1)} = b_1 x_2^{(1)} + b_2 x_3^{(1)} + \cdots + b_{n-1} x_n^{(1)} \tag{5-5}$$

根据导数定义,有

$$\frac{\mathrm{d}x_1^{(1)}}{\mathrm{d}t} = \lim_{\Delta t \to 0} \frac{x_1^{(1)}(t + \Delta t) - x_1^{(1)}(t)}{\Delta t} \tag{5-6}$$

若以离散形式表示,微分项可写成

$$\begin{aligned}
\frac{\Delta x_1^{(1)}}{\Delta t} &= \frac{x_1^{(1)}(k+1) - x_1^{(1)}(k)}{k+1-k} \\
&= x_1^{(1)}(k+1) - x_1^{(1)}(k) \\
&\Updownarrow \\
&x_1^{(0)}(k+1)
\end{aligned} \tag{5-7}$$

再在式(5-5)中 $x^{(1)}$ 取时刻 *k* 和 *k* + 1 的平均值,即 $\frac{1}{2}\left[x_1^{(1)}(k+1) + x_1^{(1)}(k)\right]$。则式(5-5)的离散形式为

$$x_1^{(0)}(k+1) + a\left[\frac{1}{2}(x_1^{(1)}(k+1) + x_1^{(1)}(k))\right] = b_1 x_2^{(1)}(k+1) + \cdots + b_{n-1} x_n^{(1)}(k+1) \tag{5-8a}$$

记

$$Y = \begin{bmatrix} x_1^{(0)}(2) \\ x_1^{(0)}(3) \\ \vdots \\ x_1^{(0)}(p) \end{bmatrix}$$

$$B = \begin{bmatrix} -\frac{1}{2}\left[x_1^{(1)}(1) + x_1^{(1)}(2)\right] & x_2^{(1)}(2) & \cdots & x_n^{(1)}(2) \\ -\frac{1}{2}\left[x_1^{(1)}(2) + x_1^{(1)}(3)\right] & x_2^{(1)}(3) & \cdots & x_n^{(1)}(3) \\ \vdots & \vdots & \vdots & \vdots \\ -\frac{1}{2}\left[x_1^{(1)}(p-1) + x_1^{(1)}(p)\right] & x_2^{(1)}(p) & \cdots & x_n^{(1)}(p) \end{bmatrix}$$

$$\boldsymbol{\beta} = \begin{bmatrix} a \\ b_1 \\ b_2 \\ \vdots \\ b_{n-1} \end{bmatrix}$$

则式(5-8a)简记为

$$Y = B \times \boldsymbol{\beta} \tag{5-8b}$$

上述方程组中，Y 和 B 为已知量，$\boldsymbol{\beta}$ 为待定参数。因此可以用最小二乘法得到最小二乘法近似解。可解得

$$\hat{\boldsymbol{\beta}} = (\boldsymbol{B}^{\mathrm{T}}\boldsymbol{B})^{-1}\boldsymbol{B}^{\mathrm{T}}Y = \begin{bmatrix} \hat{a} \\ \hat{b_1} \\ \vdots \\ \hat{b_{n-1}} \end{bmatrix}$$

将所求得的 $\hat{\boldsymbol{\beta}}$ 代回式(5-8b)，有

$$\frac{\mathrm{d}x_1^{(1)}}{\mathrm{d}t} + \hat{a}x_1^{(1)} = \hat{b_1}x_2^{(1)} + \cdots + \hat{b_{n-1}}x_n^{(1)} \tag{5-9}$$

解之可得其离散解为

$$x_1^{(1)}(k+1) = \left[x_1^{(0)}(1) - \frac{1}{\hat{a}}\sum_{i=2}^{n}\hat{b_{i-1}}x_i^{(1)}(k+1)\right]\mathrm{e}^{-\hat{a}k} + \frac{1}{\hat{a}}\sum_{i=2}^{n}\hat{b_{i-1}}x_i^{(1)}(k+1)$$

$$\tag{5-10}$$

式 (5 - 10) 称为 GM(1, n) 模型的时间响应函数模型,它是 GM(1, n) 模型灰色预测的具体计算公式,对此式再做累减还原,得原始数列 $x_1^{(0)}$ 的灰色预测模型为

$$x_1^{(0)}(k+1) = x_1^{(1)}(k+1) - x_1^{(1)}(k) \tag{5-11}$$

在上述的推导过程中,为了简化计算,x_2, $\cdots$, x_n 视为灰常量,此时要求这些原始数据列均为小幅度变化,越小越好,这个要求对原始数据的要求极高,严重影响了这个模型的精确性,限制了其应用范围。

GM(1, n) 模型虽然将影响待预测序列的其他影响因素序列的信息纳入了计算模型中,使预测结果受到这些序列的影响,但是不同因素的影响程度的信息完全没有纳入其中,且计算复杂,计算量较大,计算速度较慢[6]。

5.3　灰色关联分析

社会系统、经济系统、农业系统、生态系统等抽象系统包含有多种因素,这些因素中哪些是主要的哪些是次要的,哪些影响大哪些影响小,哪些需要抑制哪些需要发展,哪些是潜在的哪些是明显的,这些都是因素分析的内容。在热力系统的性能参数分析与预测当中,由于热力系统的复杂性以及实际运行过程中许多因素的不确定性,部分物理量的关系并不是完全明确的,其关联性需要进行相应的关联分析。而对性能参数的预测中,为了借鉴其他相似热力系统的运行数据作为预测所需的经验数据,也需要对这些数据进行关联分析以得到它们的相似性关系。

以前因素分析采用的方法主要是统计的方法,在进行回归分析时,要求样本量足够大,且必须呈典型分布,其计算量大、过程复杂烦琐,并且由于回归分析主要是数据幂、和、积等的运算,计算过程中的误差可导致严重错误,导致因素之间的本质联系受到歪曲。而统计相关分析中用来度量两个变量之间关系尺度的相关系数存在如下两个问题:

(1) 只适用于考察变量间的线性相关关系,也就是说当相关系数 $\rho = 0$ 时,只说明两个变量间不存在线性相关关系,但不能保证不存在其他非线性相关关系。所以变量线性不相关与变量相互独立在概念上是不同的。

(2) 相关系数的计算是一个数学过程,它只说明两个变量间的相关强度,但不能揭示这种相关性的原因,不能揭示变量间相关关系的实质,即变量间是否真正存在内在联系或者因果关系。所以在计算相关系数 ρ 的同时,还要强调对实际问题的分析与理解。

灰色关联分析是按事物的发展趋势做分析,因此对样本量的多少没有过多的要求,也不需要典型的分布规律,而且计算量比较小,其结果与定性分析结果会比较吻合,所以灰色关联分析是一种很具有自己独特优势的、比较实用和可靠的分析方法。灰色关联分析可以深刻地剖析和刻画事物间相关的实质和内涵,因为任何两个事物在发展过程中态势的一致性主要体现在总体位移差、总体一阶斜率差与总体二阶斜率差等方面,目前已有的几种关联度模型都是在充分考虑因素间的位移差或者斜率差等的基础上来建立的。

5.3.1 数据序列的表示

在进行关联分析时,首先要选准反映系统特征行为的数据序列 x_0(有时也称为系统的参考序列),找系统行为映射量,用映射量间接地表征系统行为。系统特征行为序列是系统分析中最为重要的因素,也是讨论的关键问题。确定了系统特征行为之后,将所讨论的问题通过语言模型定性分析,获得系统相关因素行为序列 x_1,x_2,$\cdots$,x_m(也称为比较序列)。这样就可以对系统进行关联分析。

具体地,参考序列 x_0 可表示为 $x_0 = (x_0(1),x_0(2),\cdots,x_0(n))$,比较序列 x_k 可表示为 $x_k = (x_k(1),x_k(2),\cdots,x_k(n))$。参考序列中点的排列依据为时间,则序列为行为时间序列;若序列中点的排列依据为指标序号,则序列为行为指标序列;若序列中点的排列依据为观测对象序号,则序列为行为横向序列。无论是时间序列数据、指标序列数据还是横向序列数据,都可以用来进行灰色关联分析[7,8]。

5.3.2 灰色序列的数据前处理

在进行关联分析之前,一般要对搜集来的原始数据进行数据变化和处理,因为所给的数据序列的取值单位一般来说是不同的,为保障建立模型的质量和系统分析的正确性,使其数据具有可比性是必要的。

数据前处理能够使序列无量纲化,处理方法有多种,常用的有以下几种。

(1) 初值化变换:

$$XD_1 = (x(1)d_1,x(2)d_1,\cdots,x(n)d_1) \tag{5-12}$$

式中,$x(k)d_1 = x(k)/x(1)$,$x(1) \neq 0$,$k = 1,2,\cdots,n$。

(2) 均值化变换:

$$XD_2 = (x(1)d_2,x(2)d_2,\cdots,x(n)d_2) \tag{5-13}$$

式中，$x(k)d_2 = x(k)/\bar{x}$，$\bar{x} \neq 0$，$k = 1, 2, \cdots, n$。

（3）极大化变换：

$$XD_3 = (x(1)d_3, x(2)d_3, \cdots, x(n)d_3) \tag{5-14}$$

式中，$x(k)d_3 = x(k)/M$，$M \neq 0$，$k = 1, 2, \cdots, n$。

（4）极小化变换：

$$XD_4 = (x(1)d_4, x(2)d_4, \cdots, x(n)d_4) \tag{5-15}$$

式中，$x(k)d_4 = x(k)/m$，$m \neq 0$，$k = 1, 2, \cdots, n$。

（5）极差变换：

$$XD_5 = (x(1)d_5, x(2)d_5, \cdots, x(n)d_5) \tag{5-16}$$

式中，$x(k)d_5 = (x(k)-m)/(M-m)$，$M-m \neq 0$，$k = 1, 2, \cdots, n$。

（6）归一化变换：

$$XD_6 = (x(1)d_6, x(2)d_6, \cdots, x(n)d_6) \tag{5-17}$$

式中，$x(k)d_6 = x(k)/x_0$，x_0 为大于零的某个常数值，$k = 1, 2, \cdots, n$。

（7）标准化变换：

$$XD_7 = (x(1)d_7, x(2)d_7, \cdots, x(n)d_7) \tag{5-18}$$

式中，$x(k)d_7 = (x(k)-\bar{x})/\sigma$，$\sigma \neq 0$，$k = 1, 2, \cdots, n$。

以上各式中，$\bar{x}$ 为因素序列 X 的各个取值的样本均值；σ 为其样本标准差；M 为因素序列 X 的最大值；m 为序列 X 的最小值。

5.3.3　灰色关联系数与灰色关联度

灰色关联系数是表征两个数据序列中对应数据的关联性的系数，是量化分析系统动态发展过程的指标，是灰色关联分析的基础和工具。灰色关联系数量化的是序列的几何相关性，主要基于相似性或相近性来研究与定义不同的关联程度。常用的关联系数有邓氏关联系数、B 型关联系数、C 型关联系数、T 型关联系数、斜率关联系数、欧几里得关联系数、灰色绝对关联系数、灰色相对关联系数、灰色综合关联系数、相似性关联度和灰色面积关联系数等。

本节主要以邓氏关联为例介绍关联系数与关联度。邓氏关联系数的公式为

$$\xi_{0i}(k) = \frac{\min\limits_{i} \min\limits_{k} |X_0(k)-X_i(k)| + \rho \max\limits_{i} \max\limits_{k} |X_0(k)-X_i(k)|}{|X_0(k)-X_i(k)| + \rho \max\limits_{i} \max\limits_{k} |X_0(k)-X_i(k)|}$$

$$\tag{5-19}$$

关联度为

$$\gamma(X_0,\ X_i)=\frac{1}{n}\sum_{i=1}^{n}\xi_{0i} \qquad (5-20)$$

这是灰色系统理论最早提出的计算灰色关联度的模型,其计算着重考虑了点与点之间的距离远近对关联度的影响。其中,ρ 称为分辨系数,一般情况下在 0、1 之间取值,通常取 $\rho = 0.5$。

5.3.4 灰色关联度的性质与灰色关联公理

灰色关联系数与灰色关联度之间存在着如下几种性质。

1）总体性

灰色关联度虽是数据序列几何形状接近程度的度量,但它一般强调的是若干个数据序列对一个既定的数据序列接近的相对程度,即要排出关联度大小的顺序,这就是总体性,其将各因素统一置于系统之中进行比较与分析。

2）非对称性

在同一系统中,甲对乙的关联度,并不等于乙对甲的关联度,这较真实地反映了系统中因素之间真实的灰关系。

3）非唯一性

关联度随着参考序列不同、因素序列不同、原始数据处理方法不同、数据多少不同而不同。

4）动态性

因素间的灰色关联度随着序列的长度不同而变化,表明系统在发展过程中,各因素之间的关联关系也随着时间不断变化。

由于各个学者对灰色关联度的理解有所不同,因而建立了各种不同的计算模型,每个模型都有自己的优点和适用范围。但是,目前已有的各种模型大多不是很理想,往往不满足灰色关联四公理所规定的约束条件。为了指导和规范新的灰色关联度的定义和构造,相关学者研究提出了以下公理作为灰色关联分析模型的基础,称为灰色关联四公理。

（1）规范性:

$$0<\gamma(X_0,\ X_i)<1,\ \gamma(X_0,\ X_i)=1\Leftrightarrow X_0=X_i$$

（2）整体性:

对于 $X_i,\ X_j\in X=\{X_s\mid s=0,\ 1,\ 2,\ \cdots,\ m;\ m\geqslant2\}$,有

$$\gamma(X_i,\ X_j)\neq\gamma(X_j,\ X_i)(i\neq j)$$

（3）偶对称性：

对于 X_i，$X_j \in X$，有

$$\gamma(X_i，X_j) = \gamma(X_j，X_i) \Leftrightarrow X = \{X_i，X_j\}$$

（4）接近性：

若 $| X_0(k) - X_i(k) |$ 越小，则 $\gamma(X_0(k)，X_i(k))$ 越大。

灰预测是建立时间轴上现在与未来的定量关系，并通过此定量关系预测事物的发展。灰色数列预测是利用灰色动态模型，对系统的时间序列进行数量大小的预测，即对系统的主行为特征量或某项指标，发展变化到未来一定时间时可出现的数值进行预测。其基本目的就是"定时求量"，即求出指定时刻对应的量。

5.3.5 灰色关联分析模型

灰色关联分析模型的基本思想是根据序列曲线几何形状来判断不同序列之间的联系是否紧密。早期的灰色关联分析模型，无论是基于点关联系数的模型，还是基于整体或全局视角的广义灰色关联分析模型，都是以接近性为出发点测相似性。

2010 年，刘思峰等分别基于相似性和接近性视角构造出新的灰色关联分析模型，定义如下[2]：

定义 1 设序列称 X_i 与 X_j 长度相同，X_i^0 和 X_j^0 是其初始点零像化后得到的序列（即令序列第一个数为 0），$s_i - s_j = \int_1^n (X_i^0 - X_j^0) \mathrm{d}t$，则称

$$\varepsilon_{ij} = \frac{1}{1 + | s_i - s_j |}$$

为 X_i 与 X_j 基于相似性视角的灰色关联度，简称相似关联度。

相似关联度用于测度序列 X_i 与 X_j 在几何形状上的相似程度。X_i 与 X_j 在几何形状上越相似，ε_{ij} 越大，反之就越小。

定义 2 设序列称 X_i 与 X_j 长度相同，$S_i - S_j = \int_1^n (X_i - X_j) \mathrm{d}t$，则称

$$\rho_{ij} = \frac{1}{1 + | S_i - S_j |}$$

为 X_i 与 X_j 基于接近性视角的灰色关联度，简称接近关联度。

接近关联度用于测度序列 X_i 与 X_j 在空间中的接近程度。X_i 与 X_j 越接近，ρ_{ij} 越大，反之就越小。接近关联度仅适用于序列 X_i 与 X_j 意义、量纲完全相同的情形，当序列 X_i 与 X_j 的意义、量纲不同时，计算其接近关联度没有任何实际意义。

张可等基于绝对关联度和二重积分提出的二维灰色关联度，将研究对象从曲

线之间的关系分析提升到曲面之间的关系分析[9]。

定义 3 设序列称 X_p 与 X_q 长度相同，$s_p = \iint X_p^0 dx dy$，$s_q = \iint X_q^0 dx dy$，$s_p - s_q = \iint (X_p^0 - X_q^0) dx dy$，则称

$$\varepsilon_{pg} = \frac{1 + |s_p| + |s_q|}{1 + |s_p| + |s_q| + |s_p - s_q|}$$

为三维灰色绝对关联度。

　　灰色关联分析模型已得到大量成功应用，关于模型的检验准则和具体的量化标准需要进一步深入研究。将基于定积分、用于序列数据分析和基于二重积分、用于矩阵数据分析的模型拓展到基于多重积分、用于解决矩阵序列数据和高维场数据分析问题的模型，也是一个有价值的研究方向。

5.4　灰色模型案例分析

　　灰色模型在各领域都有着比较广泛的应用，本章以燃气轮机热力参数的关联性分析和灰色模型在微型燃气轮机性能评价中的应用这两个案例为例，说明灰色模型的实际应用过程，可以为燃气轮机的设计及性能评价提供相应的参考。

5.4.1　燃气轮机热力参数的关联性分析

　　由实际工程经验可知，燃气轮机热力参数之间存在着一定的关联性，比如压气机增压比与空气流量有关，涡轮进口温度与热效率、排气温度有关。本案例采用灰色关联方法定量分析压气机增压比与空气流量，涡轮进口温度与热效率、排气温度的关系。现有 7 台不同型号的燃气轮机，其额定功率、热效率、空气流量、增压比、涡轮进口温度、排气温度、输出轴转速均已知，燃气轮机热力参数列表如表 5 - 1 所示[10]。

表 5 - 1　燃气轮机热力参数列表

输出功率/kW	24 800	25 727	6 300	19 500	97 718	97 878
热效率/%	38.7	38.9	26.1	36.8	45	43.9
空气流量/(kg/s)	81.4	84.4	56	66.67	205.5	205.5
增压比	20	20.1	8.8	22	42	42

（续表）

涡轮进口温度/℃	1 160	1 160	668	710	1 380	1 380
排气温度/℃	450	443	310	458	416.6	417.2
（输出轴）转速/(r/min)	3 000	5 000	8 200	5 500	3 600	3 000

分别以增压比、涡轮进口温度为参考序列,以均值化变换方法处理原始数据,根据关联度大小分析参考序列与剩下的比较序列的相似程度,如图 5 - 1 和图 5 - 2 所示。

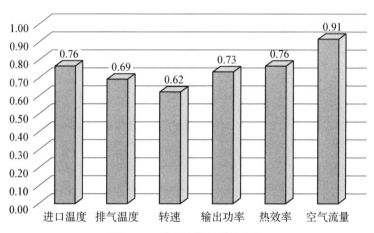

图 5 - 1　增压比的关联度分析

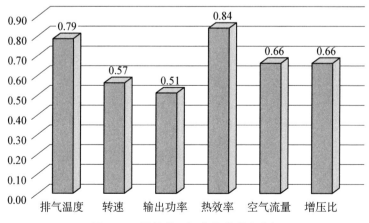

图 5 - 2　涡轮进口温度的关联度分析

由图 5-1 和图 5-2 看出,增压比与空气流量的关联度最大,为 0.91,同样涡轮进口温度与热效率、排气温度最相关,其关联度依次为 0.84、0.79。这一定量分析结果与实际经验一致,间接说明了从灰色数据角度分析系统参数关联性的正确性。

5.4.2 在微型燃气轮机性能评价中的应用

燃气轮机的性能指标主要包括:①额定功率 kW;②循环效率%;③转速 r/min;④压比;⑤燃料流量 m³/h;⑥燃料兼容性;⑦进气温度℃;⑧排气温度℃;⑨NO 排放量 10^{-6};⑩噪声 dB;⑪寿命 h。将这 11 项性能指标依次定义为 11 个比较序列(X_1, X_2, …, X_{11}),据此来评价国外 7 种微型燃气轮机的性能优劣。这 7 种燃机分别是 Capstone 的 C60 型、AUied Signal 公司的 AS75 型、Bowmen 公司的 TG80CG 型、Elliott 公司的 TA80 型、日本 IHI 公司的 Dynajet2.6 型、NREC 公司的 Power work、Honeywell 公司的 Pamllon75 型。具体的性能指标值如表 5-2 所示[11]。

表 5-2　各微型燃气轮机的性能指标

项目	S_1	S_2	S_3	S_4	S_5	S_6	S_7
X_1	60	75	80	80	2.6	70	75
X_2	25	28.5	27	37.5	9	33	28.5
X_3	96 000	65 000	99 750	110 000	100 000	60 000	65 000
X_4	3.2	3.7	4.3	4.0	2.8	3.3	3.7
X_5	9.3	22.2	17.3	15.6	1.4	18.4	22.2
X_6	1	1	1	1	0	1	1
X_7	840	920	680	920	850	870	930
X_8	270	250	300	280	250	200	250
X_9	9	25	9	25	25	9	17
X_{10}	65	65	75	65	55	65	65
X_{11}	40 000	40 000	40 000	54 000	40 000	80 000	40 000

采用式(5-16)的极差变化来处理原始数据。

对于越大越优指标:

$$r_{ji} = \frac{x_{ji} - \min(x_i)}{\max(x_i) - \min(x_i)} \tag{5-21}$$

对于越小越优指标：

$$r_{ji} = \frac{\max(x_i) - x_{ji}}{\max(x_i) - \min(x_i)} \tag{5-22}$$

经过标准化处理的各比较数列和最优参考数据如表5-3所示。

表5-3 比较序列和参考序列列表

项目	S_1	S_2	S_3	S_4	S_5	S_6	S_7	S_0
X_1	0.742	0.935	1	1	0	0.871	0.935	1
X_2	0.667	0.813	0.750	0.771	0	1	0.813	1
X_3	0.72	0.1	0.795	1	0.8	0	0.1	1
X_4	0.267	0.6	1	0.8	0	0.333	0.6	1
X_5	0.620	0	0.236	0.317	1	0.183	0	1
X_6	1	1	1	1	0	1	1	1
X_7	0.64	0.96	0	0.96	0.68	0.76	1	1
X_8	0.3	0.5	0	0.2	0.5	1	0.5	1
X_9	1	0	1	0	0	1	0.5	1
X_{10}	0.5	0.5	0	0.5	1	0.5	0.5	1
X_{11}	0	0	0	0.35	0	1	0	1

根据关联系数求解公式(5-19)，得计算结果如表5-4所示。

表5-4 关联系数表

项目	S_1	S_2	S_3	S_4	S_5	S_6	S_7
X_1	0.659	0.885	1	1	0.333	0.795	0.885
X_2	0.600	0.728	0.667	0.686	0.333	1	0.728
X_3	0.641	0.357	0.709	1	0.714	0.333	0.357
X_4	0.406	0.556	1	0.714	0.333	0.428	0.556
X_5	0.568	0.333	0.396	0.423	1	0.380	0.333
X_6	1	1	1	1	0.333	1	1
X_7	0.581	0.926	0.333	0.926	0.610	0.676	1
X_8	0.417	0.5	0.333	0.385	0.5	1	0.5
X_9	1	0.333	1	0.333	0.333	1	0.5
X_{10}	0.5	0.5	0.333	0.5	1	0.5	0.5
X_{11}	0.333	0.333	0.333	0.435	0.333	1	0.333

最后据式(5-20),系数关联度依次为：$Ro_1 = 0.609\,545\,4$，$Ro_2 = 0.586\,454\,5$，$Ro_3 = 0.645\,818\,1$，$Ro_4 = 0.672\,909\,0$，$Ro_5 = 0.529\,272\,7$，$Ro_6 = 0.737\,454\,5$，$Ro_7 = 0.608\,363\,6$。由此可见，$Ro_6 > Ro_4 > Ro_3 > Ro_1 > Ro_7 > Ro_2 > Ro_5$，灰色关联分析表明，七种微型燃气轮机性能排序为(用产品代号表示)：$S_6 > S_4 > S_3 > S_1 > S_7 > S_2 > S_5$。

5.5 本章小结

针对热力系统的信息不确定性这一难题,本章从灰色模型的角度提出了一种解决方案,即基于"部分信息已知,部分信息未知"的灰色系统,利用灰色模型来认识系统的运行规律和本质特征,并据此科学地预测未知信息。本章节主要分为四个部分,分别是对灰色系统的概述、灰色模型的简介、认识系统运行规律和本质特征的灰色关联分析方法以及两个运用灰色系统的实际案例,希望能给读者带来新的启发和思考。

参 考 文 献

[1] 邓聚龙.灰色系统理论教程[M].武汉：华中理工大学出版社,1990.

[2] 刘思峰,杨英杰,吴利丰.灰色系统理论及其应用[M].北京：科学出版社,2014.

[3] 邓聚龙.灰色系统基本方法[M].(1版).武汉：华中科技大学出版社,1987.

[4] 刘思峰.灰色系统理论的产生与发展[J].南京航空航天大学学报,2004,36(2)：267-272.

[5] 罗党,刘思峰,党耀国.灰色模型 GM(1,1)优化[J].中国工程科学,2003,5(8)：50-53.

[6] Kumar U, Jain V K. Time series models (Grey-Markov, Grey Model with rolling mechanism and singular spectrum analysis) to forecast energy consumption in India [J]. Energy, 2010, 35(4)：1709-1716.

[7] Tserng H P, Ngo T L, Chen P C, et al. A grey system theory-based default prediction model for construction firms[J]. Computer-Aided Civil and Infrastructure Engineering, 2015, 30(2)：120-134.

[8] Bezuglov A, Comert G. Short-term freeway traffic parameter prediction：Application of grey system theory models[J]. Expert Systems with Applications, 2016, 62：284-292.

[9] Zhang K, Liu S F. A novel algorithm of image edge detection based on matrix degree of grey incidences[J]. Journal of Grey System, 2009, 21(3)：231-240.

［10］ Wei T，Zhou D，Chen J，et al. Design parameters prediction of new type gas Turbine based on a hybrid GRA-SVM prediction model［C］. ASME Turbo Expo 2017：Turbomachinery Technical Conference and Exposition，Charlotte，North Carolina，USA，June 26－30，2017.

［11］ 靳智平.灰关联分析法在微型燃气轮机性能评价中的应用［J］.燃气轮机技术，2005，18（2）：49－51.

第3篇 仿 真 篇

第6章　热力系统模块化建模与仿真技术

　　模块化建模是热力系统建模中一种传统而有效的建模方法。它将复杂的热力系统按照级别、层次、功能等分解成若干个具有物理独立性和数学独立性的基本单元，设计相应的模块接口，然后建立这些单元的数学模型，形成基本模块库，最后再根据实际热力系统的物理对象和过程，利用模块连接来搭建系统的仿真模型，实现对热力系统的仿真。

6.1　热力系统建模与仿真技术的发展

　　热力系统建模技术以及仿真技术的发展，是随着科学技术的进步和计算机技术的发展而逐步发展和进步的。本节以燃气轮机建模的发展为例，对热力系统模型的发展进行具体的说明。

6.1.1　热力系统建模技术的发展

　　计算机仿真是在计算机上建立研究对象的模型并进行实验的过程。在建模中，首先要了解研究对象中存在的物理现象和物理过程，对这些物理现象和物理过程进行简化、抽象，建立数学模型，并转换为计算机可以理解的形式，称为仿真模型。在较长的一个时期内，仿真模型就是用计算机语言描述的仿真实验过程。这样建立的仿真模型缺乏灵活性，由于仿真模型的结构固化，只能用于特定的研究对象、特定的数学模型和特定的求解方法，否则需要全部或部分地修改计算机程序。这样的仿真建模方法对应于计算机编程中的过程化方法，可以称为过程化建模方法。

　　在过程化建模方法的应用过程中，由于数据和操作是显式分离的，一些对各种数据执行相同操作的子过程如函数和子程序被整理成基本的功能模块。经过这样处理后，仿真程序的结构有所改进，但还未从根本上解决问题。

　　过程化建模方法的缺点来自系统的组成部件(模块)和系统的组成关系(拓扑结构，即部件之间的连接关系)未能相对独立，模型表达方式是面向计算机的硬件体系结构,而不是面向应用和面向用户。所谓面向应用,就是模型的结构应与研究对象的结构一致,在研究对象的结构变化后,模型的结构也可以方便地进行变化;其次,在特定的领域内,各种研究对象间存在或多或少的共性,对这些共性的认识应当在最大程度上有利于模型或其一部分的重复利用。所谓面向用户,就是建立模型的方式和手段应当适应于仿真用户的思维方式,而不是要求用户去适应计算机的运行方式。

模块化仿真和面向对象仿真是近年来计算机仿真理论和实践的重要发展。可以认为,模块化仿真是面向对象仿真的基础。在本章中,将讨论模块化建模方法在热力系统建模中的应用。

6.1.2 热力系统仿真模型的发展

热力系统动态模型的发展有一个演化的过程,由于计算技术的限制,早期的模型仅考虑与动态特性直接相关的变量(如转速),对于压力、温度等参数则采用准稳态的方式去处理。随着计算能力的提升和仿真技术的发展,热力系统的模型也变得精细化,将流动过程的容积效应和换热部件的热惯性等进行了全面的考虑,从而改善了模型精度。下面以燃气轮机建模的发展为例,对热力系统模型的发展进行具体的说明。

燃气轮机系统主要由压气机、燃烧室和涡轮等部件组成,以完成多级压缩、燃烧、多级膨胀等一系列过程[1]。燃气轮机有单轴、双轴和多轴等多种组合形式,是一复杂的非线性系统。在双轴、多轴燃气轮机中,由多个压气机和多个涡轮加上燃烧室组成,压气机、涡轮和燃烧室之间通过管路相连,每个涡轮又通过转轴与对应的压气机或负荷机械联动。所以,其部件之间有着紧密的机械联系和复杂的热力气动联系[2,3]。

燃气轮机系统是一个复杂的流体网络,其压力和流量之间存在耦合关系。对于压气机和涡轮部件,为了满足质量流量的连续条件,其出口压力要受到下游部件流动过程的影响,而入口压力也要受到上游部件流动过程的影响。这种跨模块的相互关系,构成了所谓的网络依赖性[4]。燃气轮机建模的关键在于如何处理这种流体网络特性。

对于传统的轻型燃气轮机动态模型,因为忽略了容积惯性,所以需要复杂的迭代计算流程来处理其流体网络特性,因此模型的通用性和扩充性差。

在常规的燃气轮机仿真模型中,一般都忽略相对于转子转动惯性小得多的容积惯性和热惯性,认为任意时刻部件进出口质量流量以及吸/放热均处于平衡状态。这样方程组得到简化和降维,但由于燃气轮机和流体网络中压力和流量的耦合特性,每一循环计算中转动惯性微分方程的右函数无法显式求得。实际计算时,一般都假定各部件之间的压力,求出上下游部件的流量后再修正压力进行反复迭代,直至流量差达到控制精度,这种模型的通用性较差,且在多个部件串接时,迭代次数会大大增加,从而影响计算时间。而且,对于实际容积较小的轻型燃气轮机,这种简化一般能符合工程精度的要求,而对于容积相对较大的重型燃气轮机或汽轮机组就会产生较大的误差,因而有人在仿真系统中有较大容积的地方人为加入延迟环节来弥补其不足。在实际动态过程中,容积惯性总是存在的,它使系统的一些热力参数之间(如压力、温度和流量)相互影响,只是相对于转动惯性而言要小得多。如果单纯加入延迟环节并不能完全体现系统的热力性能。采用容积法进行模块化建模能消除计算时的迭代,简化了计算过程并缩短计算时间[5]。

6.2　热力系统模块化建模

模块化建模与顺序建模方法相比有了很大的改进,对建模人员的要求大大降低。它建成的模型以模块和变量的形式存在,模块相对独立,每个模块由多个输入、输出和系数组成,模块之间的连接由模块的输入、输出变量的相互作用形成,可以极大地提高建模的效率,并降低系统建模工作量。

6.2.1　模块的概念

模块是可以组合、分解和更换的单元,是组成系统、容易处理的基本单位。在英语字典中,"module"一词有多种释义。根据美国传统词典,在建筑行业,其解释为"A standardized, often interchangeable component of a system or construction that is designed for easy assembly or flexible use";在计算机领域,其解释为"A portion of a program that carries out a specific function and may be used alone or combined with other modules of the same program"。这两种解释,反映了在仿真建模领域中"模块"的内涵:首先,模块建立的目的不是一次性使用,而是为了在不同的系统中重复使用,而且模块之间应具有互换性;其次,仿真模型的最终实现为计算机程序,模块作为模型的一部分,其程序实现也是模块化的,模块可以单独使用,也可以与其他模块组合后使用。

模块的定义由两部分组成:接口和实现。接口描述了模块的使用环境、条件以及模块之间的关系。模块的实现描述了模块接受环境或其他模块的变化,改变自身的状态,并影响环境或其他模块的能力。

模块的重要特征是抽象和信息隐蔽。抽象是人类认识各种现象的有力工具。抽象就是将一些具有相似性质事物的共同点概括出来,暂时不考虑其不同之处,或者说,抽象是提炼事物的本质特征而暂时不考虑其细节。模块的信息隐蔽是指一个模块内所包含的信息不允许那些不需要这些信息的模块访问,其结果是模块之间只了解彼此的接口而不依赖于其内部实现,这样保证了具有相同接口的模块可以互换使用。

模块的独立性是抽象和信息隐蔽的直接结果。模块的独立性可以用两个定性标准——内聚度和耦合性来衡量[6,7]。内聚度是衡量一个模块的内部联系,而耦合性是衡量模块之间的联系。模块间的耦合越弱,模块间的联系就越小,模块的独立性就越强。当然,构成模型的模块之间必然存在联系,这种联系也必须通过模块的接口表示出来。内聚度表示一个模块内部各个元素间结合的紧密程度,是衡量一个模块内部组成部分间整体统一性的度量,是信息隐蔽概念的自然扩展。模块设计的目标是减少模块间的耦合,增大模块的内聚度。

模块化建模以模块为功能单元,具有三大特征:

(1)模块相对独立性。建模时可以对模块进行单独的设计、调试、修改和存储,方便分工协作,在系统划分和统一规范后,模块可以由不同人员同时开发。相对独立的模块可以逐个开发、逐个调试,降低模型的调试难度,并且,模块建立后可以灵活使用,通过模块重复使用,对于组成方式不同的系统,可以选择相应模块建立模型,不用重复编程。

(2)方便使用。模块建立后,用户只需要知道模块的参数和系统组成构成,根据模型的使用说明调用模块,模块内部实现及仿真算法做黑箱处理,并且模块的使用可以实现不同子系统采用不同算法,提高运行效率。

(3)模块库可扩展性。如果建立的模型对象出现新的物理部件,模块库可以通过新建新的模块来模拟该部件。

6.2.2 模块化建模方法

对于模块化建模方法一般有三个主要内容,首先要将研究对象进行模块化分解,分解的基础是要保证模块间容易连接,模块具有独立的物理功能和数学独立性;二是要根据划分的系统模块,建立系统模型,形成模块库;最后就是根据研究系统的结构特点,使用建立的模块库组建系统模型,如图6-1所示。

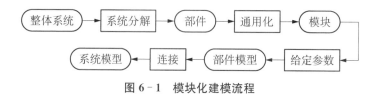

图6-1 模块化建模流程

对所研究的系统进行合理的模块化分解,这是模块化建模的关键[8]。模块划分的结果应保证系统的模块化分解和模块的连接组合过程容易进行,并且可使任意一个模块的插入和删除不会给其他模块的组合过程带来影响,因此对仿真对象进行模块化分析主要有两个基本原则。

(1) 从模块化、结构化程序设计思想,将研究对象划分为若干模块,模块复杂的还可以继续划分,大模块调用中模块,中模块又可以调用小模块。模块划分时,要尽量保持模块功能单一,相对独立。对于本研究的对象是电厂机组系统,可以将整个系统模型划分为几个子系统模型,子系统模型再分为更小的模型,逐层分解,如果子系统不需要进行再分解就成为部件。

(2) 面向物理设备和仿真对象进行模块划分。由于仿真模型规定不同或开发者对物理对象认识不同时,这条原则具体实施是不同的。针对本研究对象,从系统的角度对整个电厂机组进行仿真研究,系统是在系统与环境之间有明确边界并且是由相互关联的部分来组成的。对热动力系统来说,就是要包含管道、阀门、换热器、涡轮机、压气机等一些典型部件的数学模型。

除此之外,模块要求应能完成独立的物理功能,具有数学独立性,模块内部和外界的数据通信有明确一致的边界和接口。描述该部件特性的方程都要包含在对应的模块内部,根据模块本身的能量、动量和质量变化及模块边界条件来计算模块输出。这样模块既可以作为系统模型的一个基本单元,也可以单独仿真某一物理设备或部件而不需附加其他模块。模块还应当具有良好的兼容性,以方便模块的使用。

6.2.3　模块之间连接关系的处理规则

在建立系统的模块化模型时,模块设计的目标是减少模块间的耦合,增大模块的内聚度。内聚度是指一个模块内部各成分彼此结合的紧密程度,如果一个模块内的各处理成分均与同一功能相关,且这些处理必须按顺序执行,则称为顺序内聚;如果模块内所有成分形成一个整体,完成单个功能,则称为功能内聚,功能内聚是最高程度的内聚形式。为了达到设计目标,需要保证模块的物理独立性和数学独立性。物理独立性要求模块对应于系统中存在的物理过程的本质(如压缩过程、膨胀过程)以及相应的物理边界,而数学独立性要求描述物理部件的全部方程或计算流程都应包含在模块的实现中。以燃气轮机为例,如果将压气机转子、轴和涡轮转子合并处理为一个模块,可以很容易地建立关于转速的微分方程,并求解出转速;如果将压气机转子、轴和涡轮转子分别建立模块,同样可以分别建立关于转速的微分方程,但在求解过程中必须考虑这些方程之间的耦合关系,从而使问题复杂化。从这个简单的例子可以看出,系统建模中的一个重要问题是如何通过模块间的相互影响(耦合)反映各个子系统在物理边界上产生的各种相互作用,同时保证模块的物理独立性和数学独立性。

在燃气轮机系统各子系统(或模块)边界上产生的相互作用中,我们讨论三种作用形式:流体工质、机械连接和传热。存在这三种作用的子系统分别称为流体工质子系统、机械子系统和传热子系统。一些子系统中同时存在两种或三种作用形式,如压气机、涡轮等。

为表示子系统在物理边界上产生的各种相互作用,这里以键合图理论[9]为基础,引入两个广义变量:势变量和流变量。对于流体工质子系统,压力为势变量,流量为流变量;对于传热子系统,温度为势变量,热流为流变量;对于机械子系统,角速度为势变量,扭矩差为流变量;根据势变量和流变量之间的关系,可以定义两种子系统:阻性子系统和容性子系统,并将相应的模块称为阻性模块和容性模块。表 6-1 给出了燃气轮机热力系统建模过程中的势流变量选取及模型示例。

表 6-1　燃气轮机热力系统容阻特性建模示例

子系统		典型部件	势变量	流变量	基本方程	示例
容性子系统	流体工质子系统	管路、气室、燃烧室等	p	w	$p = \dfrac{RT}{V}\displaystyle\int_{t_0}^{t} \Delta w\, dt$	
	传热子系统	传热壁	T	$\dot{q}$	$T = \dfrac{1}{mc_p}\displaystyle\int_{t_0}^{t} \Delta \dot{q}\, dt$	
	机械子系统	转子			$\omega = \dfrac{1}{J}\displaystyle\int_{t_0}^{t} \Delta M\, dt$	
阻性子系统	流体工质子系统	阀门、压气机、涡轮等	p	w	$w = \sqrt{\dfrac{1}{K}\Delta p}$	
	传热子系统	导热壁	T	$\dot{q}$	$\dot{q} = \dfrac{\lambda}{\delta}\Delta T$	
	机械子系统	油膜阻尼及动摩擦转子	ω	M	$M = f \cdot \Delta \omega^2$	

对于流体工质子系统,考虑两个直接连接的流体阻性模块,模块之间的边界上压力 p 和流量 w 应当相等。如果这两个模块的势变量和流变量具有非线性代数函数关系,中间边界上的 p 和 w 就不能由其中任一个模块直接计算出来,而必须通过两个模块的多次试算(迭代)才能确定。如果是多个这样的模块连接,上下游之间压力和流量的相互耦合使所有的模块都必须进行试算。这样,单个模块的计

算依赖于整个流程的计算,模块在数学独立性方面存在不足。类似地,如果两个流体容性部件的模块(如两个容积)相连,模块之间边界上的压力和流量应当相等,而两个模块也必须通过试算才能满足这两个约束条件。如果两个模块为线性容性模块,则可以将两个容性模块合并计算,可以不迭代。对于传热子系统及机械子系统,其作用方式也存在类似的情况。

为了保证模块的数学独立性,形成非迭代算法,则对于各类模块的连接关系,应该满足以下建模规则:

(1) 同一类型模块(如两个阻性模块为同类模块),如果静态关系(如 R、C、K 等)可以用常数表示,则可以直接连接,并合并进行仿真计算。

(2) 同一类型模块,如果静态关系是非线性代数关系(如高、低压压气机),则不能直接连接,中间必须插入其他类型模块。

通过加入其他类型模块,相当于增加一个状态方程,从而有效地解决模型计算中的迭代问题,从而为实时仿真奠定基础。

6.2.4　热力系统非迭代动态模型的求解

这里仍然以燃气轮机为对象,作为与迭代法计算流程的对比,图 6 - 2 中给出了三轴燃气轮机的计算流程[10]。图中每个模块的边框外左上角都标出了计算次序,可供手工编制程序时使用。通用仿真软件一般采用拓扑排序算法确定模块的计算次序,具体的计算次序可能会有所变化。

从上述求解过程可以看出,由于在高、低压压气机之间引入了容积模块,通过增加压力求解的状态方程,从而有效避免了该处的压力试算,消除了迭代计算。同理,对于燃烧室压力、高/低压涡轮之间的压力以及低压涡轮和动力涡轮之间的压力,通过引入压力的状态方程,使得原本需要迭代处理的计算流程得到彻底的改变。

图 6 - 3 是三轴燃气轮机燃气发生器部分的模型,并显示出各模块的接口,即其输入、输出和状态变量。可以看出,各个模块的接口满足可连接性的要求,对系统模型的构建提供了便利性。

6.3　热力系统建模与仿真平台

目前,应用于热力系统建模与仿真的平台多种多样,但总体上可以划分为稳态仿真和动态仿真两类。这里对几种比较典型的平台进行简单的介绍,了解其建模和仿真的基本思路和方法。

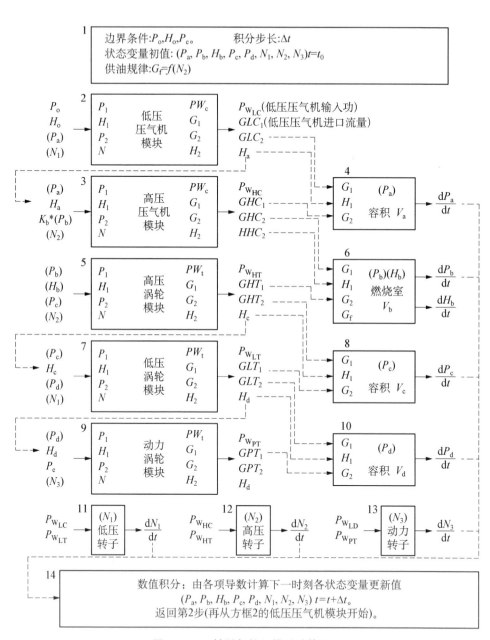

图 6-2　三轴燃气轮机模型计算流程

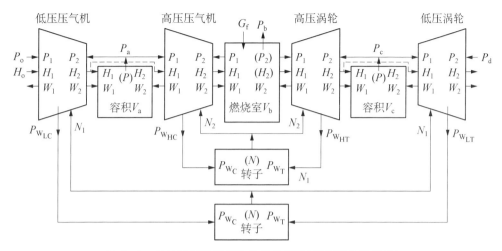

图 6-3　多轴燃气轮机模块化仿真模型(燃气发生器部分)

6.3.1　IPSEpro 热力仿真平台

　　IPSEpro 是由 SimTech 公司开发的一款热力系统仿真软件,主要用于稳态性能仿真。基于模块的形式,该软件将不同的模块整合、连接并建立起完整的系统模型,能够满足解决电厂热平衡分析、组件设计、校核计算、在线优化电厂设备、概念设计、布局优化、变工况分析等多种设计要求。典型的工作界面如图 6-4 所示。

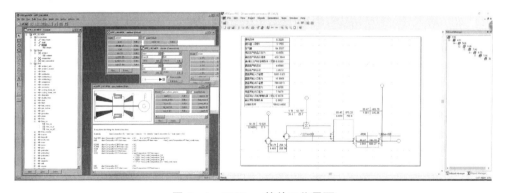

图 6-4　IPSEpro 软件工作界面

　　IPSEpro 系统仿真是通过 Model Development Kit(MDK)的模块设计及 Process Simulation Environment(PSE)的模型搭建共同完成的。其中所需模块可以调用默认的模块库,也可以通过 MDK 软件编辑和编译。将已有的模块通过 PSE 软件搭建成完整的系统模型,进行仿真、计算,从而求解。

6.3.1.1 MDK 模块

一个完整的系统模型,由搭载了全局对象(global object)的连接(connection),将各个模块(unit)拼接而成。这些基本单位虽然不能单独成为一个模型,却是模型中最不可缺少的部分。在 IPSEpro 系统中,全局对象(global object)、连接(connection)、模块(unit)都可以在 MDK 中直接编辑。

全局对象(global object)是 IPSEpro 的最基本单位,主要用于定义热力系统中工质的组成成分。在默认 MDK 模块库中,它分为环境(ambient)、混合物(composition)和燃料(fuel_compositon)三类。

(1) 环境对象(ambient)定义了周围大气环境的基本参数,如压力、海拔、温度、相对湿度以及空气组分等参数。在模型建立过程中,任一部分连接到环境对象时将调用环境参数,而不能再单独定义。

(2) 混合物对象(composition)定义了混合物的质量组分,默认含有 Water、Ar、C_2H_6、C_3H_8、CH_4、CO、CO_2、H_2、H_2O、H_2S、N_2、O_2、SO_2 这 13 种成分,该全局对象唯一的要求是保证各组分和为 1,且共有 12 个独立变量。此外 IPSEpro 软件有内置的物性参数,可以根据压力和温度,或其他任意两个参数,定义混合物的状态并求解其他参数。

(3) 燃料对象(fuel_compositon)定义了化合物的质量组分,默认含有 C、H、N、O、S、Water、Ash 这 7 种成分,同时可以给定比热容 c_p 求解燃料的焓值。与混合物相同,该全局对象也只有一个要求,即各组分和为 1。与混合物不同的是,燃料对象更关心固体化合物的物性,所以不能定义其压力。在应用中燃料对象只适合于煤这类化合物的求解,类似于燃气等燃料仍需使用混合物对象定义。

对于同一个模型,我们可以建立多个全局对象,如煤燃烧生成烟气,这就涉及一个燃料对象——煤,和两个混合物对象——空气、烟气。同样如果空气来源于大气,那么也可以将其定义为环境对象。

连接(connection)是将 MDK 中的各个模块在 PSE 中连接为整体的部分,也分为三类:燃料流(fuel_stream)、轴(shaft)和流(stream)。在定义一个连接之前,必须定义其搭载的全局对象。我们可以认为燃料流(fuel_stream)只能是燃料(fuel_compositon)的载体,流(stream)只能是混合物(composition)的载体,而轴(shaft)是功率的载体。

(1) 在燃料流(fuel_stream)中,共有流量(mass)、比焓(h)和温度(t)三个参量,以及其搭载的燃料性质。其中比焓由温度和燃料的比热求出。

(2) 轴(shaft)搭载功率,只有功(power)一个参量,由具体模块定义。

(3) 在流(stream)中,共有压力(p)、温度(T)、比焓(h)、比熵(s)、比体积(v)、流量(mass)六个参量,以及其搭载的混合物性质。流是最为重要的连接,也是

IPSEpro 中出现最多的部分。其中前五个变量在搭载的组分确定的前提下,知道任意两个可求解其他变量。

模块(unit)是 IPSEpro 的核心架构,默认的 MDK 包中包括环境出口(ambient_sink)、环境入口(ambient_source)、锅炉(boiler)、燃烧室(combustor)等47 种模块。每一个模块都要定义自己的外观、对外的接口以及计算方法。通过接口、中间量和程序的整合,一个完整的模块就建好了。

6.3.1.2　PSE 模型建立

模块设计是在 MDK 软件中完成的,之后需要通过 PSE 软件将已有的模块搭建成一个整体。模型的建立可分为定义全部对象、选择模块、连接模块和计算四个步骤。

PSE 模型搭建的第一步是定义全局对象,并给出已知燃料、混合物的组分或环境参数。第二步是选择适当的模块,同样将已知的参数赋值给每个模块。再接下来是将各个模块连接,软件会自动选择对应的连接方式,由于每个模块的对外接口定义了是输入还是输出,连接各个接口时只能由一个输入接口连向另一个输出接口。最后可以命令软件对系统进行仿真计算,当未知数与方程的个数相同时,软件将给出唯一解。

现在来建立一个完整的燃烧模型,并具体阐述每一步的作用。完整的燃烧模型系统图如图 6-5 所示。

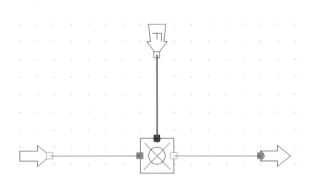

图 6-5　燃烧模型 IPSEpro 系统图

首先我们需要定义一个燃料对象(coal)和两个混合物对象(air、ex_gas),其中煤(coal)和空气(air)的组分是已知的,设定分别如图 6-6 和图 6-7 所示,而烟气(ex_gas)的组分是未知的,需要通过计算得出。

如图 6-6 和图 6-7 所示,由于燃料对象(fuel_composition)和混合物对象(composition)中都定义了组分和为 1,所以在定义组分的过程中,必须保留一项为空,使得自由变量的个数匹配方程的个数。

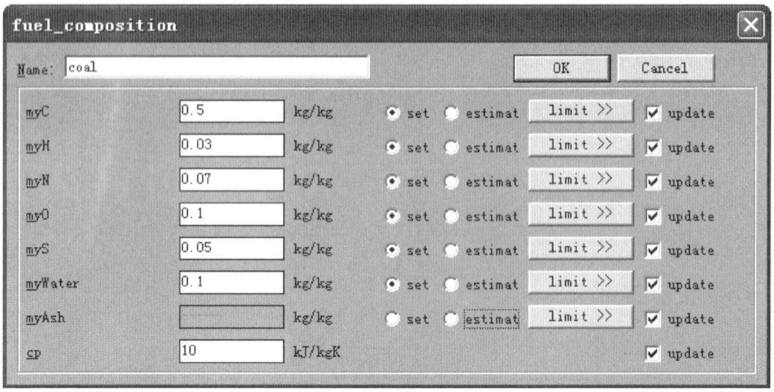

图 6 - 6　coal 参数设定

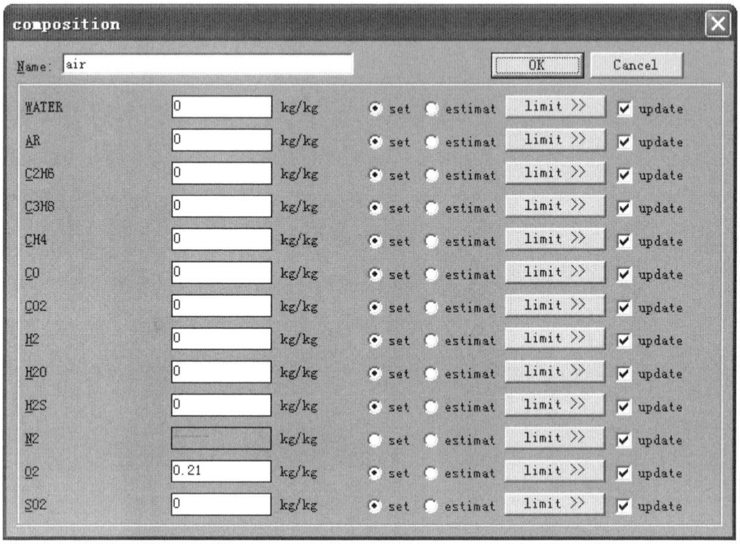

图 6 - 7　air 参数设定

此外还需要四个模块,分别是燃烧室(combuster)、燃料输入(fuel_source)、混合物输入(source)、混合物输出(sink)。同时定义好已知量如燃料输入的质量和温度,混合物输入的质量、压力和温度,以及燃烧室压损、热值算法及灰渣比焓,如图 6 - 8所示。

图 6 - 8 中燃烧室压损(delta_p)为 0,即可通过进口空气(air)压力计算出出口烟气(ex_gas)压力,热值算法(HV_Source)采用 Boie 算法,即可求出燃料带入的热量,再通过灰分比容(cp_Ash)算出灰分带走的热量,即可算出烟气(ex_gas)出口焓并计算温度。

如图 6 - 9 和图 6 - 10 所示,我们定义了进入系统的煤(coal)与空气(air)的质

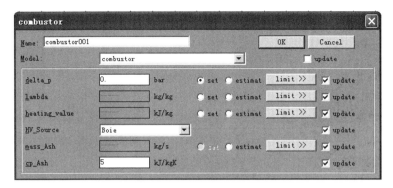

图 6-8　燃烧室模块设定

量流量、压力及温度等参数,即是给出了进入系统的能量。需要注意的是,模块
(unit)本身是不能搭载全局对象(global object)的,必须有连接(connection)搭载。
也就是说,虽然燃料输入(fuel_source)送入煤(coal),混合物输入(source)送入空
气(air),混合物输出(sink)送出烟气(ex_gas),但不能在这三个模块中定义全局对
象(global object),必须在与其相连的连接(connection)中定义。

图 6-9　燃料输入模块设定

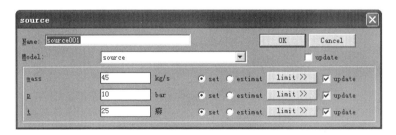

图 6-10　混合物输入模块设定

　　将对应的接口相连接,燃料输入(fuel_source)和燃烧室(combuster)之间建立
燃料流并自动命名为 fuel_stream001,搭载 coal,混合物输入(source)和燃烧室
(combuster)之间建立并自动命名流为 stream001,搭载 air,而燃烧室(combuster)
和混合物输出(sink)之间建立的流 stream002 则搭载 ex_gas。

由于在之前的模块设定中已经对进入系统的燃料及混合物进行了定义,这里不需要再对连接(connection)的参数单独定义。同样的,也可以在 fuel_stream001 和 stream001 中定义参数,而省去在燃料输入(fuel_source)和混合物输入(source)中定义的步骤。

求解即可得到结果。仿真结果如图 6-11 所示。

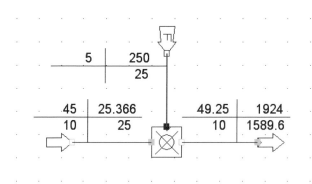

图 6-11 IPSEpro 仿真结果

图 6-11 中每段连接(connection)上的四格分别是:左上—质量流量(单位:kg/s);右上—比焓(单位:kJ/kg);左下—压力(单位:bar);右下—温度(单位:℃)。可以看到,我们给出了燃料 coal 以及混合物 air 的组分和部分状态参数,就可以算出全部参数,同时可以通过燃烧室模块得到燃烧产物 ex_gas 的相应组分并求解其各项状态参数。

图 6-12 和图 6-13 分别给出了 ex_gas 和搭载的流(stream)的计算结果。

composition				
Name: ex_gas			OK	Cancel
WATER	0	kg/kg	set ● estimat limit >>	☑ update
AR	0	kg/kg	set ● estimat limit >>	☑ update
C2H6	0	kg/kg	set ● estimat limit >>	☑ update
C3H8	0	kg/kg	set ● estimat limit >>	☑ update
CH4	0	kg/kg	set ● estimat limit >>	☑ update
CO	0	kg/kg	set ● estimat limit >>	☑ update
CO2	0.186	kg/kg	set ● estimat limit >>	☑ update
H2	0.	kg/kg	set ● estimat limit >>	☑ update
H2O	0	kg/kg	set ● estimat limit >>	☑ update
H2S	0.	kg/kg	set ● estimat limit >>	☑ update
N2	0.72893	kg/kg	set ● estimat limit >>	☑ update
O2	3.7556e-002	kg/kg	set ● estimat limit >>	☑ update
SO2	1.0143e-002	kg/kg	set ● estimat limit >>	☑ update

图 6-12 ex_gas 计算结果

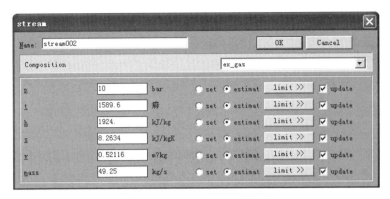

图 6 - 13　stream002 计算结果

图 6 - 13 和图 6 - 12 相比于图 6 - 11 给出了更多我们希望得到的数据的细节。在 IPSEpro 计算中,我们更多的是通过查看全局对象(global object)、连接(connection)和模块(unit)来获取更详细的信息。

6.3.2　EASY5 仿真平台

EASY5(Engineering Analysis System)平台是 1975 年由美国 Boeing 公司根据航空技术发展需要开发的多专业动态系统仿真分析软件包。该软件融入了英国 Ricardo 公司的研究和设计经验,开发了 8 个分离的应用库近 500 个模型部件,涵盖了液压、气动力学、航空航天、动力传动、电机、内燃机等领域,发展成为独特的控制与多学科动态系统仿真分析[11]。它可以用来建模,分析和设计微分、差分和代数方程构筑的动态系统。其主要工具如图 6 - 14 所示。

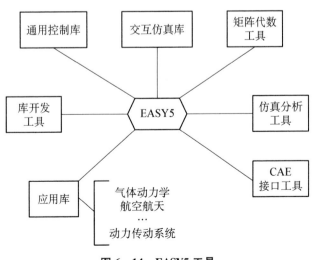

图 6 - 14　EASY5 工具

127

EASY5 仿真平台主要具有以下特点：

（1）直观的图形建模工具。EASY5 拥有简单易用的图形化用户界面，应用库中的模块可以直接拖进用户仿真窗口使用，模块间的连接使用缺省连接即"端口"，EASY5 用单一的连接代表物理连接，在部件间传递变量的信息，用户可以采用系统原理示意框图的形式建立系统模型，这样建立的模型简单明了，易于分析。

（2）丰富的模块库。EASY5 几乎所有功能都是通过库的应用来实现，在 EASY5 中有 8 大专业应用库，包括了众多应用模块，用户使用时只需简单点击或输入模块名称就可调出使用。这些应用库是 EASY5 的精华所在，是它区别于同类软件的重要特征，这些模块库包括：液压部件模块库、阀和制动器设计模块库、动力模块库、发动机模块库、多元流动模块库、环境控制模块库、航空航天模块库和电力驱动模块库等。用户可以从这些模块库中选取任何模块搭建自己的仿真系统。

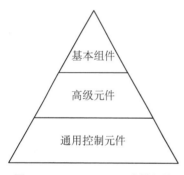

图 6‐15　EASY5 三层建模架构

（3）三层建模构架（见图 6‐15）。EASY5 的通用控制库独立于专业库，包含各类通用的控制元件，可以用于搭建基本物理元件或控制系统；应用库中有些元件是"高级元件"，可以对"基本组件"详细设计；"基本组件"是一组方程组，用户在组建复杂的大型系统时可以不必从底层开始而节省大量精力。

（4）强大的分析工具。使用 EASY5 可以完成瞬态、稳态、线性、非线性等各类分析功能。

EASY5 主要面向代数方程、微分方程、差分方程等所描述的动态系统的建模，在稳态分析工具和仿真分析工具中为用户提供了丰富的分析方法和数据处理手段，可以进行根轨迹绘制、稳定裕度分析、线性模型生成、非线性时域仿真等。EASY5 还具有交互式仿真分析的能力，在仿真过程中，模型数据可以随时修改，仿真分析结果也会随时地发生相应的改变。

（5）系统级的工具。EASY5 与主流分析工具连接，可以建立完整的复杂虚拟样机模型。EASY5 是一个开放的平台，它可以与 Matlab/Simulink、ADAMS 等交互使用。

（6）高级建模能力。EASY5 除了丰富的标准模块外，还为用户提供了自定义模块的功能。用户可以使用 FORTRAN 和 C 语言编写自己的模块。用户也可以使用 EASY5 的库开发工具建立自己独有的应用库，方便后续工作。

（7）代数矩阵计算工具：这是一个交互式高等数值计算环境，尤其适合矩阵计算。虽然这是一个独立的工具，但更适合在 EASY5 的环境下工作完成控制系统设计、模块数据输出和分析结果的后处理。

实践证明利用 EASY5 仿真环境下进行二次开发,能减少重复劳动,快速提高仿真技术应用水平。

6.3.3　Matlab/Simulink 仿真平台

1990 年,Math Works 软件公司为 Matlab 提供了新的控制系统模型图输入与仿真工具,该工具很快就在控制工程界获得了广泛的认可,1992 年正式将该软件更名为 Simulink。顾名思义,该软件的名字表明了该系统的两个主要功能:Simu(仿真)和 Link(连接)。Math Works 公司一直持续对 Simulink 进行功能改进和版本更新,近几年,随着 Simulink 功能模块的不断扩充,在学术界和工业领域,作为 Matlab 扩展的 Simulink 已经成为动态系统建模、分析、仿真物理系统和数学系统应用最广泛的工具。

MathWorks 公司推出的基于 Matlab 平台的 Simulink 是动态系统仿真领域中最为著名的仿真集成环境之一,它在各个领域得到广泛的应用。Simulink 能够帮助用户迅速构建自己的动态系统模型,并在此基础上进行仿真分析;通过仿真结构修正系统设计,从而快速完成系统的设计。Simulink 集成环境的运行受到 Matlab 的支持,因此 Simulink 能够直接使用 Matlab 强大的科学计算功能。毫无疑问,Simulink 具有出色的能力,因此它在系统仿真领域中有着重要的地位。Simulink 与 Matlab 的关系如图 6‑16 所示。

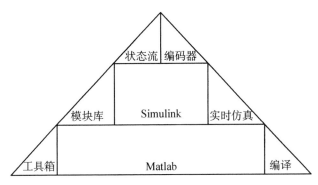

图 6‑16　Simulink 与 Matlab 之间的层次关系示意图

Simulink 实际是一个动态系统建模、仿真和分析的软件包,它是一种基于 Matlab 的框图设计环境,支持线性系统和非线性系统,可以用连续采样时间、离散采样时间或两种混合的采样时间进行建模,它也支持多速率系统,也就是系统中的不同部分具有不同的采样速率。为了创建动态系统模型,Simulink 提供了一个建立模型方块图的图形用户接口,这个创建过程只需要单击和拖动鼠标操作就能完成。它提供的是一种更快捷、更直接明了的方式,而且用户可以立即看到系统的仿真结果。

Simulink 中包括了许多实现不同功能的模块库,如 Sources(输入源模块库)、Sinks(输出模块库)、Math Operations(熟悉模块库),以及线性模块和非线性模块等各种组件模块库。用户也可以自定义和创建自己的模块,利用这些模块,用户可以创建层次化的系统模型,可以自上而下或自下而上地阅读模型,也就是说,用户可以查看最顶层的系统,然后通过双击模块进入下层的子系统查看模型,这不仅方便了设计,而且使模型方块图功能更清晰,结构更合理。

创建了系统模型后,用户可以利用 Simulink 菜单或在 Matlab 命令窗口中键入命令的方式选择不同的积分方法来仿真系统模型。对于交互式的仿真过程,使用菜单是非常方便的,但如果要运行大量的仿真,使用命令行方法则非常有效。此外,利用示波器模块或其他的显示模块,用户可以在仿真运行的同时观察仿真结果,而且还可以在仿真运行期间改变仿真参数,并同时观察改变后的仿真结果,最后的结果数据还可以进行后续的图形化处理。

Simulink 系统建模的主要特点包括:框图式建模;支持非线性系统;支持混合系统仿真,即系统中包含连续采样时间和离散采样时间;支持多速率系统仿真,即系统中存在以不同速率运行的组件。Matlab 与 Simulink 集成在一起,因此,无论何时在任何环境下都可以建模、分析和仿真用户模型。

Real-Time Workshop 是 MathWorks 公司提供的代码自动生成工具,它可以使 Simulink 模型自动生成面向不同目标的代码。目前它主要能生成 ANSI C 和 Ada 语音源代码,但它也提供了一个开放的接口,提供第三方或者用户自己定制其他语言代码的自动生成。利用 Real-Time Workshop 的这个功能,可以先利用 Simulink 建模,然后将图形模型自动生成代码,再将代码进行有针对性的改造后编译运行,就可以实现实时仿真。当然,经改造代码后生成的运行进程的实时性能是由其下层的操作系统平台所决定的。因为 Simulink 的大多应用都是基于 Windows 系统的,而且 Windows 系统有着广泛应用基础,因此通过扩展 Windows 系统的实时性能来提供一个通用实时操作系统平台可以为研究成果的应用打下良好的基础。基于 Simulink 和通用实时操作系统构建仿真系统体系层次结构如图 6 - 17 所示。

6.4 本章小结

本章介绍了热力系统的建模技术,主要对热力系统的模块化建模技术进行了详细的介绍,模块化建模以模块为功能单元,具有模块相对的独立性、易使用性以

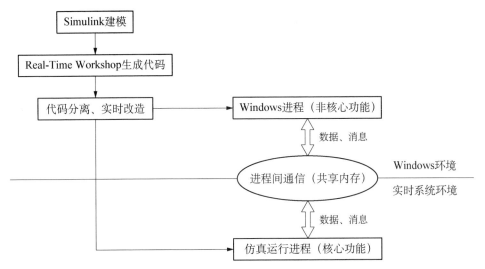

图 6‐17　基于 Simulink 和通用实时操作系统构建仿真系统体系层次结构图

及可扩展性等特点。同时,为了保证仿真模型计算的快速性,采用了热力系统模型的非迭代技术,通过采用容积模块,增加压力求解的状态方程,从而有效避免了该处的压力试算,消除了迭代计算。最终,介绍了热力系统建模与仿真的平台,包括IPSEpro 热力仿真平台,EASY5 仿真平台以及 Matlab/Simulink 仿真平台。

参 考 文 献

[1] 翁史烈. 现代燃气轮机装置[M]. 上海:上海交通大学出版社,2015.

[2] 刘冰. V94.3A 型燃气轮机系统建模与控制性能研究[D]. 上海:上海交通大学,2011.

[3] Vincent R. Stadium riser made of extruded metal:US,WO/2010/028476[P]. 2010.

[4] Crisostomo D T. Implementing an ERP system in the Guam public sector:a survey of the membership of the Association of Government Accountants[D]. Capella University,2007.

[5] 刘永文. 基于通用平台的系统建模和半物理仿真及其在舰船动力装置中的应用[D]. 上海:上海交通大学,2002.

[6] 阎秦,马良玉,王兵树. 电站直接空冷凝汽器模块化建模仿真[J]. 汽轮机技术,2006,48(6):401-403.

[7] 梁前超,黄荣华,王平,等. 基于模块化建模的动力装置仿真模型研究[J]. 武汉理工大学学报,2007,31(4):577-579.

[8] 金晓航. 间冷回热燃气轮机的系统仿真研究[D]. 上海:上海交通大学,2006.

[9] 王中双,陆念力. 键合图理论及应用研究若干问题的发展及现状[J]. 机械科学与技术,

2008,27(1)：72 - 77.

［10］敖晨阳,张宁,陈华清.基于 MATLAB 的三轴燃气轮机动态仿真模型研究[J].热能动力工程,2001,16(5)：523 - 526.

［11］钱宇,刘永文.模块化建模及其在 EASY5 仿真平台上的实现[J].计算机仿真,2007,24(08)：85 - 89.

第7章 热力系统仿真中的代数方程求解

数学模型是对实际过程或系统的抽象而得到的数学描述,大多由一组微分方程和代数方程组成,它是仿真的基础。模型是否能够真实地反映现实是仿真得以立足的生命线,而其中对微分方程和代数方程的求解方法一直是仿真发展中的重中之重,可以说,在一定程度上,仿真的效率、精度等的重要一环在于方程的求解。在这一节中将对仿真中重要代数方程的求解进行阐述。

7.1 热力系统模型中的代数方程

为了高效、低污染、合理利用能源,热力系统向着更加复杂化、大型化和多样化的方向发展。在新型热力系统、联合循环等大型热动力系统的分析研究过程中,在新产品开发和实施工程项目过程中,热力系统仿真在计算时间、仿真精度上都对方程的求解算法提出了更高的要求,一方面传统的求解方法仍然占据主要地位,同时其也面临新的挑战[1]。传统的热力系统代数方程一般包括质量守恒方程、能量守恒方程、熵方程以及状态方程等[2]。

1) 质量守恒方程

在典型热力系统中,我们感兴趣的是一般过程的质量平衡,特别是开口系的流动过程。取控制容积,若过程中有质量为 m_i 的物质进入控制容积,质量为 m_e 的物质离开控制容积,则进、出质量之差必然增加了控制容积的质量而贮存于系统中,也就是说:

进入的质量 = 系统中贮存质量的变化 + 离开的质量

$$m_i - m_e = (m_2 - m_1)_{cv} \qquad (7-1)$$

式中,m_2 为控制容积最终贮存的质量;m_1 为最初贮存的质量。

2) 能量守恒方程

热力学第一定律的实质是能量守恒,类似于质量守恒原理。热力学第一定律可表示为

进入的能量 ＝ 系统中贮存能量的变化 ＋ 离开的能量

$$E_i = (E_2 - E_1) + E_e \tag{7-2}$$

$$E_i - E_e = E_2 - E_1 \tag{7-3}$$

式中，E_2 为系统最终贮存的能量；E_1 为最初贮存的能量。该式说明没有化学变化的系统能量变化等于系统与外界交换的能量。对于封闭系，在没有外力场作用情况下，系统与外界只有热量和边界功的交换，第一定律可表示为

$$Q - W = E_2 - E_1 \tag{7-4}$$

式中，E 表示单位质量流入、流出时所携带的能量，其中包括内能 u、动能 $V^2/2$、重力位能 gz 以及 pv 能量，即

$$E = u + \frac{V^2}{2} + gz + pv \tag{7-5}$$

关于 pv，对单位质量来说，当其流入、流出系统边界时就是流动功（下面将要推导）。但当其穿越了边界进入或离开系统时，对所研究的开口系（控制容积）来说，pv 就是随单位质量带入或带出的能量。

3）熵方程

热力学第二定律可表示为

$$dS = \frac{\delta Q}{T} \tag{7-6}$$

式中，δQ 为过程可逆时在温度 T 下系统所吸收的热。沿可逆过程积分，则

$$\Delta S = \int_1^2 \frac{\delta Q}{T} \tag{7-7}$$

若表示为不等式，则

$$dS \geqslant \frac{\delta Q}{T} \tag{7-8}$$

若 δQ 为不可逆所吸之热，则用不等号，等号适用于可逆。

第二定律也可用孤立系统的熵增定理来表示

$$ds \geqslant 0 \tag{7-9}$$

等号适用于可逆过程，不等号适用于不可逆过程。

4）状态方程

对于有两个独立变量的均匀系，由工程热力学已知其平衡态参数间有如下基

本关系:

$$Tds = du + pdv \tag{7-10}$$

当系统质量变化时,则因为

$$S = ms \quad dS = d(ms) = sdm + mds \quad ds = \frac{dS - sdm}{m} \tag{7-11}$$

$$U = mu \quad dU = d(mu) = udm + mdu \quad du = \frac{dU - udm}{m} \tag{7-12}$$

$$V = mv \quad dV = d(mv) = vdm + mdv \quad dv = \frac{dV - vdm}{m} \tag{7-13}$$

把 ds、du、dv 代入式(7-10),则可得

$$TdS = dU + pdV - (u - Ts + pv)dm \tag{7-14}$$

此式就是变质量系统的基本方程。式中 S、U、V 均是描写系统性质的广延参数。式(7-14)中右侧最后一项括号中

$$u - Ts + pv = h - Ts = g \tag{7-15}$$

式中,g 是单位物量的吉布斯函数,在等温、等压条件下是单元系统的热力势,表示每减少单位质量时在可逆变化中可能对外做出的最大有用功(非膨胀功)。单位物量的吉布斯函数就称为单元系的化学势。化学势用 μ 表示。若把式(7-14)表示成

$$dU = TdS - pdV + \mu dm \tag{7-16}$$

则可看成:系统的内能变化除了由热交换、膨胀功引起外,还可以由系统质量的变化而引起。

5) 热力系统过程方程的一般表达式

用状态方程和能量方程可推导出适用于理想气体的过程方程的一般表达式。前已指出,对于热力系统,状态方程表示了四个参数间的函数关系,可以写成以下形式

$$F(p, V, S, m) = 0$$

或

$$p = f(S, m, V) \tag{7-17}$$

写成微分形式为

$$\mathrm{d}p = \left(\frac{\partial p}{\partial S}\right)_{V,m}\mathrm{d}S + \left(\frac{\partial p}{\partial V}\right)_{m,S}\mathrm{d}V + \left(\frac{\partial p}{\partial m}\right)_{V,S}\mathrm{d}m \qquad (7-18)$$

式中三个偏导数可分别求出如下：

对于 V、m 不变过程，基本关系式简化为

$$\mathrm{d}U = T\mathrm{d}S$$

由理想气体状态方程

$$\mathrm{d}T = \mathrm{d}\frac{pV}{mR} = \frac{V}{mR}\mathrm{d}p$$

而

$$\mathrm{d}U = mc_v\mathrm{d}T$$

因而

$$c_v m\frac{V}{mR}\mathrm{d}p = T\mathrm{d}S$$

故

$$\left(\frac{\partial p}{\partial S}\right)_{V,m} = \frac{P}{mc_v} \qquad (7-19)$$

对于 S、m 不变过程：

$$\mathrm{d}U = -p\mathrm{d}V$$

则

$$c_v m\mathrm{d}\left(\frac{pV}{mR}\right) = c_v m\frac{1}{mR}(p\mathrm{d}V + V\mathrm{d}p) = -p\mathrm{d}V$$

因而

$$\left(\frac{\partial p}{\partial V}\right)_{m,S} = -k\frac{p}{V} \qquad (7-20)$$

其中 $k = \dfrac{c_p}{c_v}$。

对于 S、V 不变过程：

$$\mathrm{d}U = (h - Ts)\mathrm{d}m$$

则

$$c_v m\mathrm{d}T + c_v T\mathrm{d}m = (h - Ts)\mathrm{d}m$$

而

$$\mathrm{d}T = \mathrm{d}\left(\frac{pV}{mR}\right) = \frac{V}{R}\frac{m\mathrm{d}p - p\mathrm{d}m}{m^2}$$

故

$$\left(\frac{\partial p}{\partial m}\right)_{V,S} = \frac{P}{m}\left(k - \frac{s}{c_v}\right) \qquad (7-21)$$

将式(7-19)、式(7-20)、式(7-21)代入式(7-18)，则可得

$$dp = \frac{p}{mc_v}dS - k\frac{p}{V}dV + \left(k - \frac{s}{c_v}\right)\frac{p}{m}dm \qquad (7-22)$$

以 $dS = sdm + mds$ 代入上式,整理后得

$$\frac{dp}{p} = \frac{ds}{c_v} - k\frac{dV}{V} + k\frac{dm}{m}$$

积分上式,得

$$\frac{pV^k}{m^k}e^{\frac{-s}{c_v}} = 常数 \qquad (7-23)$$

或

$$\frac{p_2V_2^k}{m_2^k}e^{\frac{-s_2}{c_v}} = \frac{p_1V_1^k}{m_1^k}e^{\frac{-s_1}{c_v}} \qquad (7-24)$$

或写成

$$\ln\left(\frac{p_2}{p_1}\right) + k\ln\left(\frac{V_2}{V_1}\right) - k\ln\left(\frac{m_2}{m_1}\right) - \frac{s_2 - s_1}{c_v} = 0 \qquad (7-25)$$

这几个式子就是过程方程的一般表达式,它所表示的函数关系为 $f(p, V, m, s) = 0$。以上各式当然适用于各种特例,常质量系统的过程方程就可由此导出。对常质量可逆绝热过程,有

$$m_1 = m_2 \quad s_1 = s_2$$

则

$$\ln\frac{p_2}{p_1} + k\ln\frac{V_2}{V_1} = 0$$

或

$$pV^k = 常数$$

同样,可由此式来推出多变过程方程式,推导中用 c 表示多变过程比热容,用 γ 表示多变指数。其间关系由工程热力学可知为

$$c = c_v\frac{\gamma - k}{\gamma - 1}$$

由式(7-24),因为 $m_1 = m_2$,因而

$$p_2V_2^k e^{\frac{-s_2}{c_v}} = p_1V_1^k e^{\frac{-s_1}{c_v}}$$

$$\left(\frac{p_2}{p_1}\right)\left(\frac{V_2}{V_1}\right)^k = e^{\frac{s_2-s_1}{c_v}} = e^{\frac{c\ln\frac{T_2}{T_1}}{c_v}} = e^{\left(\frac{\gamma-k}{\gamma-1}\right)\ln\frac{T_2}{T_1}} = e^{\left(\frac{\gamma-k}{\gamma-1}\right)\ln\frac{p_2V_2}{p_1V_1}}$$

$$\ln\left(\frac{p_2}{p_1}\right)\left(\frac{V_2}{V_1}\right)^k = \left(\frac{\gamma-k}{\gamma-1}\right)\ln\frac{p_2V_2}{p_1V_1} \qquad (7-26)$$

$$\left(\frac{p_2}{p_1}\right)\left(\frac{V_2}{V_1}\right)^k = \left(\frac{p_2V_2}{p_1V_1}\right)^{\frac{\gamma-k}{\gamma-1}}$$

$$\left(\frac{p_2}{p_1}\right)^{\frac{k-1}{\gamma-1}} = \left(\frac{V_1}{V_2}\right)^{\frac{\gamma(k-1)}{\gamma-1}}$$

写成
$$\frac{p_2}{p_1} = \left(\frac{V_1}{V_2}\right)^{\gamma} \text{ 或 } pV^{\gamma} = \text{常数}$$

当然,更可由式(7-25)方便地推导出等温、等压、等容过程方程式。

7.1.1　热力系统模型中代数方程特点

热力系统的代数方程除了上面提到的质量守恒、能量守恒等外可能还包含更为复杂的传热传质方程、动力方程等,随着热力系统的组成和仿真精度要求的提高,系统模型内部的方程越来越复杂,求解难度也越来越大[3,4],下面大致总结热力系统代数方程的几个特点。

1) 多变量

热力系统代数普遍存在变量多的特点,原因有:部件众多且相互耦合,普通的热力系统一般包含众多部件,且大多的热力系统内部流体相互耦合,一个变量的变化将对后续很多部件造成影响,没办法简单对单一部件进行求解后再进行其他部件的求解。另一方面,同一部件由于需要对质量守恒、能量守恒、传热传质等方程同时求解,一定程度上也引入了很多的变量。这些都造成了热力系统代数方程的变量众多,造成算法在求解过程中需要对多变量在高维空间上进行搜索求解,增加了求解的难度。

2) 非线性

在热力系统建模所使用的代数方程中,方程一般都包含非线性部分,比如质量守恒中,出入口的质量流量一般都和多种参数相关,且相关性并不符合线性关系。状态方程甚至可能包含对数、乘方、开方、指数、三角函数等非代数运算,且其中一些关系还依赖经验拟合和插值,这些都导致所建立的代数方程或方程组在求解空间上是高度非线性的。

3) 方程组数量多

复杂的热力系统建模的首先表现就是方程数量众多,部件数量和机理描述都导致热力系统向着越来越多方程的方向发展,而对多方程组的求解又是算法的一大难点,由此还催生了分布式计算的概念,在热力系统的方程中,对方程组的约减也是求解的重要一环。

7.1.2　代数方程求解要求

对于非线性方程组的求解,一般认为需要满足下面的要求。

1) 适定性

数学上的适定性指解的三个方面:存在着解(存在性),解是唯一的(唯一性),

解连续地取决于初边值条件(稳定性),只有这样的方程才能求得稳定解。

2)收敛性

即算法在进行求解的过程中如果不能直接求得数值解,需要通过迭代的方法计算,那算法的结果必须是收敛的。

3)在给定精度内求得的近似解的工作量较少

算法的计算复杂性是衡量一个算法的重要指标,特别是方程众多,且对计算时间要求严格的情况下。

在上述三个要求中,前两个要求是必须满足的。第三个要求是计算复杂性问题,是衡量一个算法好坏的标志。

如果一个数值迭代法对初值没有本质上的限制,则称这种方法为大范围收敛的方法,如同伦法和区间分析法等;否则,称为一般迭代法。除必须满足适定性和收敛性条件外,还应考虑迭代格式的收敛速度。迭代格式收敛的快慢,是衡量算法好坏的标准之一。

对代数方程(组)的求解可分成常规求解算法和智能算法两类,下面分别进行阐述。

7.2　常规求解方法

常规求解算法是方程组求解过程中应用的主要方法,本节将对线性方程组和非线性方程组的求解算法分别进行阐述。在求解线性方程组的常规算法中,有两类最基本的算法:直接法和迭代法。而在求解非线性方程和方程组的常规算法中,也存在一些基本的算法,如不动点迭代法及牛顿法等。这里将挑选一些典型的算法进行介绍。

7.2.1　线性方程组的数值解法

线性代数方程也称一次方程,其一般形式为

$$a_1 x_1 + a_2 x_2 + \cdots + a_n x_n = b \tag{7-27}$$

由一次方程组成的方程组成为线性方程组为

$$\begin{cases} a_{11} x_1 + a_{12} x_2 + \cdots + a_{1n} x_n = b_1 \\ a_{21} x_1 + a_{22} x_2 + \cdots + a_{2n} x_n = b_2 \\ \qquad\qquad\qquad\vdots \\ a_{n1} x_1 + a_{n2} x_2 + \cdots + a_{nn} x_n = b_n \end{cases} \tag{7-28}$$

写成矩阵形式为

$$\begin{bmatrix} a_{11} & a_{12} & \cdots & a_{1n} \\ a_{21} & a_{22} & \cdots & a_{2n} \\ \vdots & \vdots & & \vdots \\ a_{n1} & a_{n2} & \cdots & a_{nn} \end{bmatrix} \begin{bmatrix} x_1 \\ x_2 \\ \vdots \\ x_n \end{bmatrix} = \begin{bmatrix} b_1 \\ b_2 \\ \vdots \\ b_n \end{bmatrix} \tag{7-29}$$

$$\boldsymbol{A} \cdot \boldsymbol{X} = \boldsymbol{b}$$

7.2.2 线性方程组的直接解法

线性方程组的数值求解算法中的直接法是指经过有限步算术运算,可求得方程组的精确解的方法。这里介绍其中几种典型的直接求解算法。

1) 高斯消去法

高斯消去法是一种线性方程组的常规解法,其基本思想是用依次消去未知数的方法将原来的线性方程组转化为与之等价的三角形线性方程组,将最后一个未知数求解得出后,可以通过回代的方式,将其余未知数依次解出,文献[1]中对高斯消去法的步骤有详细阐述。基本计算方法为:

如果 $a_{kk}^{(k)} \neq 0(k=1, 2, \cdots, n)$,则可以通过高斯消去法将方程组(7-29)化为等价的三角形方程组,两种计算公式如下:

(1) 消元计算($k=1, 2, \cdots, n-1$)。

$$\begin{cases} m_{ik} = a_{ik}^{(k)} / a_{kk}^{(k)}, & i = k+1, \cdots, n \\ a_{ij}^{(k+1)} = a_{ij}^{(k)} - m_{ik} a_{ki}^{(k)}, & i, j = k+1, \cdots, n \\ b_i^{(k+1)} = b_i^{(k)} - m_{ik} b_k^{(k)}, & i, j = k+1, \cdots, n \end{cases} \tag{7-30}$$

(2) 回代计算

$$\begin{cases} x_n = b_n^{(n)} / a_{nn}^{(n)} \\ x_i = \left(b_i^{(i)} - \sum_{j=i+1}^{n} a_{ij}^{(i)} x_j \right) \Big/ a_{ii}^{(i)}, & i = n-1, \cdots, 2, 1 \end{cases} \tag{7-31}$$

2) 列主元消去法

高斯消去法在消元过程中可能出现 $a_{kk}^{(k)} = 0$,因此会出现无法计算的情况,当 $a_{kk}^{(k)}$ 接近 0 时,作为分母可能产生较大的误差。最好的方法是在计算的每一步选取系数矩阵时,保证选取最大值的元素作为主元素,这种方法就是列主元消去法,但是在选主元素时会花费较多计算时间。

设线性方程组(7-29)的增广矩阵为

$$\boldsymbol{B} = \begin{bmatrix} a_{11} & a_{12} & \cdots & a_{1n} & b_1 \\ a_{21} & a_{22} & \cdots & a_{2n} & b_2 \\ \vdots & \vdots & & \vdots & \vdots \\ a_{n1} & a_{n2} & \cdots & a_{m} & b_n \end{bmatrix}$$

首先在 $\boldsymbol{A}$ 的第 1 列选取绝对值最大的元素作为主元素,例如

$$\mid a_{i1,1} \mid = \max_{1 \leqslant i \leqslant n} \mid a_{i1} \mid \neq 0$$

然后交换 $\boldsymbol{B}$ 的第 1 行与第 i_1 行,经第 1 次消元计算得

$$(\boldsymbol{A} \mid \boldsymbol{b}) \rightarrow (\boldsymbol{A}^{(2)} \mid \boldsymbol{b}^{(2)})$$

重复上述过程,最终将线性方程组化为

$$\begin{bmatrix} a_{11} & a_{12} & \cdots & a_{1n} \\ & a_{22} & \cdots & a_{2n} \\ & & \ddots & \vdots \\ & & & a_{m} \end{bmatrix} \begin{bmatrix} x_1 \\ x_2 \\ \vdots \\ x_n \end{bmatrix} = \begin{bmatrix} b_1 \\ b_2 \\ \vdots \\ b_n \end{bmatrix}$$

回代求解得

$$\begin{cases} x_n = b_n / a_{m} \\ x_i = \left(b_i - \sum_{j=i+1}^{n} a_{ij} x_j \right) \Big/ a_{ii}, \ i = n-1, \cdots, 2, 1 \end{cases} \tag{7-32}$$

列主元消去法的具体步骤可以参见文献[1]。

7.2.3　线性方程组的迭代解法

对于线性方程组(7-29),当 $\boldsymbol{A}$ 为大型稀疏矩阵时,使用迭代法求解较为方便。

将方程组改写为 $\boldsymbol{x} = \boldsymbol{Bx} + \boldsymbol{f}$,设有唯一解 $\boldsymbol{x}^*$,取 $\boldsymbol{x}^0$ 为初始向量,通过构造向量序列

$$\boldsymbol{x}^{(k+1)} = \boldsymbol{Bx}^{(k)} + \boldsymbol{f}, \ k = 0, 1, 2, \cdots \tag{7-33}$$

使 $\boldsymbol{x}^{(k)}$ 不断逼近唯一解 $\boldsymbol{x}^*$ 的方法,称为迭代法。

对于给定的线性方程组,将系数矩阵分裂

$$\boldsymbol{A} = \boldsymbol{M} - \boldsymbol{N} \tag{7-34}$$

使得 $\boldsymbol{M}$ 为非奇异矩阵,且 $\boldsymbol{Mx} = \boldsymbol{d}$ 容易求解,则方程组转化为求解

$$x = M^{-1}Nx + M^{-1}b \tag{7-35}$$

上式即为迭代式,选取不同的 M 矩阵,就得到不同的迭代方法。

1)雅可比迭代法

设系数矩阵中 $a_{ii} \neq 0$,选取 M 为 A 的对角元素,得到

$$A \equiv D - L - U \tag{7-36}$$

式中,

$$L = \begin{bmatrix} 0 & & & & \\ -a_{21} & 0 & & & \\ \vdots & \vdots & \ddots & & \\ -a_{n-1,1} & -a_{n-1,2} & \cdots & 0 & \\ -a_{n1} & -a_{n2} & \cdots & -a_{n,n-1} & 0 \end{bmatrix}$$

$$U = \begin{bmatrix} 0 & -a_{12} & \cdots & -a_{1,n-1} & -a_{1n} \\ & 0 & \cdots & -a_{2,n-1} & -a_{2n} \\ & & \ddots & \vdots & \vdots \\ & & & 0 & -a_{n-1,n} \\ & & & & 0 \end{bmatrix}$$

则雅可比迭代法为

$$\begin{cases} x^{(0)}, & \text{初始向量} \\ x^{(k+1)} = Bx^{(k)} + f, & k = 0, 1, 2, \cdots \end{cases} \tag{7-37}$$

其中 $B = I - D^{-1}A = D^{-1}(L+U) \equiv J$,$f = D^{-1}b$。

迭代公式为

$$\begin{cases} x^{(0)} = (x_1^{(0)}, x_2^{(0)}, \cdots, x_n^{(0)})^{\mathrm{T}}, \text{初始向量} \\ x_i^{(k+1)} = \dfrac{b_i - \displaystyle\sum_{j=1, j \neq i} a_{ij}x_j^{(k)}}{a_{ii}} \\ i = 1, 2, \cdots n; \ k = 0, 1, 2, \cdots \text{表示迭代次数} \end{cases} \tag{7-38}$$

2)高斯-赛德尔迭代法

选取分离矩阵 M 为 A 的下三角部分,即 $M = D - L$,$A = M - N$,则高斯-赛德尔迭代法为

$$\begin{cases} x^{(0)}, & \text{初始向量} \\ x^{(k+1)} = Bx^{(k)} + f, & k = 0, 1, 2, \cdots \end{cases} \tag{7-39}$$

其中 $\boldsymbol{B} = \boldsymbol{I} - (\boldsymbol{D} - \boldsymbol{L})^{-1} \boldsymbol{A} = (\boldsymbol{D} - \boldsymbol{L})^{-1} \boldsymbol{U} \equiv \boldsymbol{G}$，$\boldsymbol{f} = (\boldsymbol{D} - \boldsymbol{L})^{-1} \boldsymbol{b}$。

迭代公式为

$$
\begin{cases}
\boldsymbol{x}^{(0)} = (x_1^{(0)}, x_2^{(0)}, \cdots, x_n^{(0)})^{\mathrm{T}}, \text{初始向量} \\
x_i^{(k+1)} = \dfrac{b_i - \sum\limits_{j=1}^{i-1} a_{ij} x_j^{(k+1)} - \sum\limits_{j=i+1}^{n} a_{ij} x_j^{(k)}}{a_{ii}} \\
i = 1, 2, \cdots n; k = 0, 1, 2, \cdots \text{表示迭代次数}
\end{cases}
\tag{7-40}
$$

3）超松弛迭代法

选取分裂矩阵 $\boldsymbol{M}$ 为带参数的下三角矩阵

$$
\boldsymbol{M} = \frac{1}{\omega}(\boldsymbol{D} - \omega \boldsymbol{L})
$$

其中 $\omega > 0$ 为可选择的松弛因子。

构成超松弛迭代矩阵为

$$
\boldsymbol{L}_\omega \equiv \boldsymbol{I} - \omega(\boldsymbol{D} - \omega \boldsymbol{L})^{-1} \boldsymbol{A} = (\boldsymbol{D} - \omega \boldsymbol{L})^{-1} \big[(1 - \omega)\boldsymbol{D} + \omega \boldsymbol{U}\big]
$$

迭代方法为

$$
\begin{cases}
\boldsymbol{x}^{(0)}, & \text{初始向量} \\
\boldsymbol{x}^{(k+1)} = \boldsymbol{B} \boldsymbol{x}^{(k)} + \boldsymbol{f}, & k = 0, 1, 2, \cdots
\end{cases}
\tag{7-41}
$$

其中，$\boldsymbol{L}_\omega = (\boldsymbol{D} - \omega \boldsymbol{L})^{-1}((1 - \omega)\boldsymbol{D} + \omega \boldsymbol{U})$，$\boldsymbol{f} = \omega(\boldsymbol{D} - \omega \boldsymbol{L})^{-1} \boldsymbol{b}$。

迭代公式为

$$
\begin{cases}
\boldsymbol{x}^{(0)} = (x_1^{(0)}, x_2^{(0)}, \cdots, x_n^{(0)})^{\mathrm{T}}, \text{初始向量} \\
x_i^{(k+1)} = x_i^{(k)} + \omega \dfrac{b_i - \sum\limits_{j=1}^{i-1} a_{ij} x_j^{(k+1)} - \sum\limits_{j=i+1}^{n} a_{ij} x_j^{(k)}}{a_{ii}} \\
i = 1, 2, \cdots n; k = 0, 1, 2, \cdots \text{表示迭代次数} \\
\omega \text{为松弛因子}
\end{cases}
\tag{7-42}
$$

7.2.4　非线性方程及方程组的数值解法

非线性方程组相较于线性方程组在工程技术中应用更加广泛，其特点为无求解公式，无直接解法，难以求得精确解，因此其求解过程也更加复杂。本节将对非线性方程组的常用迭代法进行阐述。

7.2.4.1 非线性方程的数值解法

1) 方程求根与二分法

单变量非线性方程：

$$f(x) = 0 \qquad\qquad (7-43)$$

其中 $x \in \mathbf{R}$，$f(x) \in C[a, b]$，如果实数 x^* 满足 $f(x^*) = 0$，则称 x^* 是方程(7-43)的根，或称 x^* 是函数 $f(x)$ 的零点。

若方程可以分解为

$$f(x) = (x - x^*)^m g(x) \qquad\qquad (7-44)$$

其中 m 为正整数，且 $g(x^*) \neq 0$，则称 x^* 是方程(7-43)的 m 重根。

考察有根区间 $[a, b]$，取中点 $x_0 = \dfrac{a+b}{2}$ 将其分为两半，假设中点 x_0 不是 $f(x)$ 的零点，然后进行根的搜索，即检查 $f(x_0)$ 与 $f(a)$ 是否同号，如果确系同号，说明所求根 x^* 在 x_0 的右侧，这时令 $a_1 = x_0$，$b_1 = b$；否则 x^* 必在 x_0 的左侧，这时令 $a_1 = a$，$b_1 = x_0$，不管出现哪一种情况，新的有根区间 $[a_1, b_1]$ 的长度为 $[a, b]$ 长度的一半。

对压缩了的有根区间 $[a_1, b_1]$ 使用同样的方法，即用中点 $x_1 = \dfrac{a_1+b_1}{2}$ 将区间 $[a_1, b_1]$ 再分为两半，然后通过根的搜索判定所求的根在 x_1 的哪一侧，从而又确定了一个新的根区间 $[a_2, b_2]$，其长度是 $[a_1, b_1]$ 的一半。

如此反复二分，即可得到一系列有根区间

$$[a, b] \supset [a_1, b_1] \supset [a_2, b_2] \supset \cdots \supset [a_k, b_k] \supset \cdots$$

其中每个区间都是前一区间的一半，因此当 $k \to \infty$ 时，$[a_k, b_k]$ 的长度

$$b_k - a_k = \frac{b-a}{2^k}$$

趋于零，就是说，如果二分过程无限进行下去，这些区间最终必收缩于一点 x^*，该点显然就是所求的根。

每次二分后取有根区间的中点

$$x_k = \frac{a_k + b_k}{2}$$

为根的近似值，则二分过程中可以获得一个近似根的序列

$$x_0, x_1, x_2, \cdots, x_k, \cdots$$

该序列的极限就是根 x^*。

实际计算中，由于

$$| x^* - x_k | \leqslant \frac{b_k - a_k}{2} = \frac{b - a}{2^{k+1}}$$

只要二分次数足够多，则有

$$| x^* - x_k | < \varepsilon$$

满足预定为 ε 的要求。

2）不动点迭代法

将方程(7-43)改写成等价形式

$$x = \varphi(x) \qquad (7-45)$$

若要求 x^* 满足 $f(x^*) = 0$，则 $x^* = \varphi(x^*)$，反之亦然。将 x^* 称为函数 $\varphi(x)$ 的一个不动点。求 $f(x)$ 的零点等价于求 $\varphi(x)$ 的不动点，选择一个初始近似值 x_0，将其代入式(7-45) 右端，即可以求得

$$x_1 = \varphi(x_0) \qquad (7-46)$$

可以如此反复迭代计算

$$x_{k+1} = \varphi(x_k), \; k = 0, 1, 2, \cdots \qquad (7-47)$$

$\varphi(x)$称为迭代函数。如果对任何 $x_0 \in [a, b]$，由式(7-47) 得到的序列$\{x_k\}$有极限

$$\lim_{k \to \infty} x_k = x^* \qquad (7-48)$$

则称迭代方程(7-47)收敛，且 $x^* = \varphi(x^*)$ 为 $\varphi(x)$ 的不动点。

3）牛顿法

牛顿法是一种线性化方法，其基本思想是将非线性方程 $f(x) = 0$ 逐步归结为某种线性方程来求解。

设已知方程 $f(x) = 0$ 有近似根 x_k（假定 $f'(x) \neq 0$），将函数 $f(x)$ 在点 x_k 展开，有

$$f(x) \approx f(x_k) + f'(x_k)(x - x_k) \qquad (7-49)$$

于是方程可以近似地表示为

$$f(x_k) + f'(x_k)(x - x_k) \qquad (7-50)$$

这是一个线性方程,记其根为 x_{k+1},则 x_{k+1} 的计算公式为

$$x_{k+1} = x_k - \frac{f(x_k)}{f'(x_k)}, \ k = 0, 1, 2, \cdots \qquad (7-51)$$

这就是牛顿法。

牛顿法的计算步骤如下。

步骤 1:准备选定初始近似值 x_0,计算 $f_0 = f(x_0)$,$f_0' = f'(x_0)$。

步骤 2:迭代按公式

$$x_1 = x_0 - \frac{f_0}{f_0'} \qquad (7-52)$$

迭代一次,得到新的近似值 x_1,计算 $f_1 = f(x_1)$,$f_1' = f'(x_1)$。

步骤 3:控制如果 x_1 满足 $|\delta| < \varepsilon_1$ 或 $|f_1| < \varepsilon_2$,则迭代终止,以 x_1 作为所求的根,否则转步骤 4,此处的 ε_1、ε_2 是允许误差,而

$$\delta = \begin{cases} |x_1 - x_0|, & \text{当 } |x_1| < C \text{ 时} \\ \dfrac{|x_1 - x_0|}{|x_1|}, & \text{当 } |x_1| \geqslant C \text{ 时} \end{cases} \qquad (7-53)$$

其中 C 是取绝对误差或相对误差的控制常数,一般可以取 $C = 1$。

步骤 4:修改如果迭代次数达到指定的次数 N,或者 $f_1' = 0$,则方法失败,否则以 (x_1, f_1, f_1') 代替 (x_0, f_0, f_0') 转步骤 2 继续迭代。

4) 弦截法

设 x_k、x_{k-1} 是 $f(x) = 0$ 的近似根,利用 $f(x_k)$、$f(x_{k-1})$ 构造一次插值多项式 $p_1(x)$,并用 $p_1(x) = 0$ 的根作为 $f(x) = 0$ 的新的近似根 x_{k+1},由于

$$p_1(x) = f(x_k) + \frac{f(x_k) - f(x_{k-1})}{x_k - x_{k-1}}(x - x_k) \qquad (7-54)$$

因此有

$$x_{k+1} = x_k - \frac{f(x_k)}{f(x_k) - f(x_{k-1})}(x_k - x_{k-1}) \qquad (7-55)$$

上式即为弦截法导出的迭代公式。

5) 抛物线法

设已知方程 $f(x) = 0$ 的三个近似根为 x_k、x_{k-1} 和 x_{k-2},以三点为节点构造二次差值多项式 $p_2(x)$,并适当选取 $p_2(x)$ 的一个零点 x_{k+1} 作为新的近似根,这样确

定的迭代过程称为抛物线法。这种方法的基本思想是用抛物线 $y = p_2(x)$ 与 x 轴的交点 x_{k+1} 作为所求根 x^* 的近似位置。

现在推导抛物线的计算公式。插值多项式

$$p_2(x) = f(x_k) + f[x_k, x_{k-1}](x - x_k) + f[x, x_{k-1}, x_{k-2}](x - x_k)(x - x_{k-1})$$

$$(7 - 56)$$

有两个零点：

$$x_{k+1} = x_k - \frac{2f(x_k)}{\omega \pm \sqrt{\omega^2 - 4f(x_k)f[x_k, x_{k-1}, x_{k-2}]}} \qquad (7 - 57)$$

其中

$$\omega = f[x_k, x_{k-1}] + f[x_k, x_{k-1}, x_{k-2}](x_k - x_{k-1}) \qquad (7 - 58)$$

在 x_k、x_{k-1}、x_{k-2} 三个近似根中，假定 x_k 跟接近所求的根 x^*，这时为了保证精度，选取式(7 - 58)中接近 x_k 的一个值作为新的近似根 x_{k+1}，为此只取根式前的符号与 ω 的符号相同。

7.2.4.2　非线性方程组的数值解法

1) 非线性方程组的不动点迭代法

考虑非线性方程组

$$\begin{cases} f_1(x_1, x_2, \cdots, x_n) = 0 \\ f_2(x_1, x_2, \cdots, x_n) = 0 \\ \qquad\qquad \vdots \\ f_n(x_1, x_2, \cdots, x_n) = 0 \end{cases} \qquad (7 - 59)$$

其中 f_1, f_2, $\cdots$, f_n 均为 $(x_1, x_2, \cdots, x_n)$ 的多元函数，用向量符号 $\boldsymbol{x} = (x_1, x_2, \cdots, x_n)^{\mathrm{T}} \in \mathbf{R}^n$, $\boldsymbol{F} = (f_1, f_2, \cdots, f_n)^{\mathrm{T}}$，方程组可以写为

$$\boldsymbol{F}(\boldsymbol{x}) = \boldsymbol{0} \qquad (7 - 60)$$

当 $n \geqslant 2$ 且 $f_i(i = 1, 2, \cdots, n)$ 中至少有一个是自变量 $x_i(i = 1, 2, \cdots, n)$ 的非线性函数时，则方程组(7 - 59)称为非线性方程组。非线性方程组的解可能有一个或多个，也可能无解。

将方程组改写为

$$\boldsymbol{x} = \boldsymbol{\Phi}(\boldsymbol{x}) \qquad (7 - 61)$$

其中向量函数 $\boldsymbol{\Phi} \in D \subset \mathbf{R}^n$，且在定义域 D 上连续，如果 $\boldsymbol{x}^* \in D$ 满足 $\boldsymbol{x}^* = \boldsymbol{\Phi}(\boldsymbol{x}^*)$，

称 x^* 为函数 $\boldsymbol{\Phi}$ 的不动点,也是方程组的一个解。

根据式(7-61)构造的迭代法

$$\boldsymbol{x}^{(k+1)} = \boldsymbol{\Phi}(\boldsymbol{x}^{(k)}), \ k = 0, 1, 2, \cdots \tag{7-62}$$

$\boldsymbol{\Phi}$ 为迭代函数。如果由它产生的向量序列 $\{\boldsymbol{x}^{(k)}\}$ 满足 $\lim\limits_{k \to \infty} \boldsymbol{x}^{(k)} = \boldsymbol{x}^*$,则对式(7-62)取极限,由 $\boldsymbol{\Phi}$ 的连续性可得 $\boldsymbol{x}^* = \boldsymbol{\Phi}(\boldsymbol{x}^*)$,故 $\boldsymbol{x}^*$ 为方程组的一个解。

2) 非线性方程组的牛顿法

将单个方程的牛顿法直接应用到方程组(7-59)即可得到非线性方程组的牛顿法求解:

$$\boldsymbol{x}^{(k+1)} = \boldsymbol{x}^{(x)} - \boldsymbol{F}'(\boldsymbol{x}^{(k)})^{-1} \boldsymbol{F}(\boldsymbol{x}^{(k)}), \ k = 0, 1, 2, \cdots \tag{7-63}$$

这里的 $\boldsymbol{F}'(\boldsymbol{x})^{-1}$ 为雅可比矩阵的逆矩阵,雅可比矩阵定义为

$$\boldsymbol{F}'(\boldsymbol{x}) = \begin{bmatrix} \dfrac{\partial f_1(\boldsymbol{x})}{\partial x_1} & \dfrac{\partial f_1(\boldsymbol{x})}{\partial x_2} & \cdots & \dfrac{\partial f_1(\boldsymbol{x})}{\partial x_n} \\ \dfrac{\partial f_2(\boldsymbol{x})}{\partial x_1} & \dfrac{\partial f_2(\boldsymbol{x})}{\partial x_2} & \cdots & \dfrac{\partial f_2(\boldsymbol{x})}{\partial x_n} \\ \vdots & \vdots & \ddots & \vdots \\ \dfrac{\partial f_n(\boldsymbol{x})}{\partial x_1} & \dfrac{\partial f_n(\boldsymbol{x})}{\partial x_2} & \cdots & \dfrac{\partial f_n(\boldsymbol{x})}{\partial x_n} \end{bmatrix} \tag{7-64}$$

7.3 基于智能算法的求解方法

在热力系统中,非线性方程在稳态和动态模型的建立中发挥着重要的作用,但对于非线性方程(组)的求解之间仍然是困扰人们的一个难题,特别是在热力系统中存在的非光滑方程组以及强非线性问题,一直缺乏高效可靠的解决方法。在上一节中对传统的线性和非线性方程(组)的多种解法进行了介绍,但这些方法对于方程都有较高的特性要求,除了要满足可导性的要求,还要依赖于初始点的选取,不合适的初始点很容易导致算法收敛失败,然而选择一个好的初始点往往是一件非常困难的事情。从实际应用角度出发,有必要探索更加高效可靠的算法。在这一节中,主要对基于生物启发式的智能优化算法进行介绍,这些算法避开了非线性方程(组)求解中的目标函数不可导与初始点不易选取等问题,与传统算法相比,对于高度非线性方程(组)的求解问题,具有更强的全局优化能力,也能较快地收敛于可接受解。在本章中选取较为常见的智能算法及其求解过程进行阐述。

7.3.1　方程(组)求解与最优化

考虑非线性方程组

$$
\begin{cases}
f_1(x_1, x_2, \cdots, x_n) = 0 \\
f_2(x_1, x_2, \cdots, x_n) = 0 \\
\qquad\qquad \vdots \\
f_m(x_1, x_2, \cdots, x_n) = 0
\end{cases}
\tag{7-65}
$$

其中，$f_j(j = 1, 2, \cdots, m)$ 为 m 维欧式空间 $\mathbf{R}^n$ 中区域 D 上的函数，且 $f_j(j = 1, 2, \cdots, m)$ 中至少有一个是非线性的。

令

$$
f(x) = \begin{bmatrix} f_1(x) \\ f_2(x) \\ \vdots \\ f_m(x) \end{bmatrix}, x = \begin{bmatrix} x_1 \\ x_2 \\ \vdots \\ x_n \end{bmatrix}, 0 = \begin{bmatrix} 0 \\ 0 \\ \vdots \\ 0 \end{bmatrix},
\tag{7-66}
$$

设非线性方程组(7-65)在 D 内存在实数解，利用优化方法求解该方程组时，可将其转化为非线性最小二乘问题，则非线性方程组(7-65)的求解问题等价于如下优化问题。

$$
\min F(x) = \sum_{j=1}^m f_j^2(x), x \in D
\tag{7-67}
$$

应用智能优化算法求解非线性方程(组)非常方便，不必依赖初始点，也不必构造函数来逼近目标函数，可以把式(7-67)作为粒子适应度的评价函数，当适应度值 $F(x) = 0$ 时，即找到了非线性方程组(7-65)的解。显然，$F(x)$ 的值越小，说明适应度越高。一般地，设定最大迭代次数 T，规定精度要求 eps，当适应度 $F(x)$ 的值达到精度要求 eps，则直接输出此时 x 的值，即为非线性方程组的解，否则继续迭代。若一直迭代到最大迭代次数，适应度的值未达到精度要求，则视此非线性方程组无解。

7.3.2　遗传算法

遗传算法研究兴起于 20 世纪 80 年代末，是模仿自然选择和遗传机制的一种智能优化算法。隐含并行性和群体全局搜索是其两个显著特征，具有较强的鲁棒性，对于一些大型、复杂非线性系统求解具有独特的优势[6]。

1) 算法步骤

遗传算法(genetic algorithm)是模拟达尔文生物进化论的自然选择和遗传学机理的生物进化过程的计算模型,是一种通过模拟自然进化过程搜索最优解的方法。遗传算法是从代表问题可能潜在的解集的一个种群(population)开始的,而一个种群则由经过基因(gene)编码的一定数目的个体(individual)组成。每个个体实际上是染色体(chromosome)带有特征的实体。染色体作为遗传物质的主要载体,即多个基因的集合,其内部表现(即基因型)是某种基因组合,它决定了个体形状的外部表现,如黑头发的特征是由染色体中控制这一特征的某种基因组合决定的。因此,在一开始需要实现从表现型到基因型的映射即编码工作。由于仿照基因编码的工作很复杂,我们往往进行简化,如二进制编码,初代种群产生之后,按照适者生存和优胜劣汰的原理,逐代(generation)演化产生出越来越好的近似解,在每一代,根据问题域中个体的适应度(fitness)大小选择(selection)个体,并借助于自然遗传学的遗传算子(genetic operators)进行组合交叉(crossover)和变异(mutation),产生出代表新的解集的种群。这个过程将导致种群像自然进化一样的后生代种群比前代更加适应于环境,末代种群中的最优个体经过解码(decoding),可以作为问题近似最优解[7]。

2) 方程组测试

选取了一个比较典型的代数方程和超越方程及方程组,在 Matlab 语言环境下进行数值模拟。参数设定:种群个数=10,变异概率 0.2,模拟方程(非线性方程)如下:

$$\begin{cases} f_1(X) = x_1 \mid x_2 \mid -1 + e^{(\sin x_1 + \sin x_2)} \\ f_2(X) = \cos x_2 - 10(x_1 + x_2) + \ln \mid x_1 x_2 + 1 \mid - e^{(x_1 + x_2)} \end{cases} \tag{7-68}$$

其中测试结果如表 7-1 所示。

表 7-1 测 试 结 果

迭代次数	近似解(x_1, x_2)	$F(X)$	迭代次数	近似解(x_1, x_2)	$F(X)$
0	$(-0.4, -0.16)$	40	200	$(0.3, -0.2)$	3.25×10^{-3}
100	$(0.47, -0.5)$	0.055	300	$(0.004\,15, -0.001\,42)$	2.25×10^{-5}

遗传算法最终能够对非线性代数方程组进行求解,且不需要对函数的导数有要求,但遗传算法也存在收敛较慢的缺点。

7.3.3　模拟退火算法

模拟退火算法(simulated annealing，SA)是 20 世纪 80 年代初期发展起来的一种用来求解大规模组合优化问题的随机性优化算法，其出发点是优化问题的求解与物理系统退火过程的相似性，从而达到求解全局优化问题的目的。SA 算法的主要优点如下：

(1) SA 允许任意选取初始解和随机序列，即与初始点的选择无关。

(2) 当温度较高时，SA 可能接受较差的恶化解，所以能避免陷入局部极小，有较强搜索能力；温度降低时，只能搜索较好的恶化解，所以算法具有较好的局部搜索能力；在温度趋于零时，就不再接受任何恶化解。

(3) 易实现并行计算。由于模拟退火算法具有这些优良性质，使得它不依赖于初始点和目标函数的导数信息。方程和方程组求解问题可以转化为函数优化问题后，可以把模拟退火算法推广到解非线性方程及方程组问题上来。

模拟退火算法的基本思想是从一个给定解开始，从邻域中随机产生另一个解，接受 Metropolis 准则允许目标函数在有限范围内变坏，它由控制参数 t 决定，其作用类似于物理过程中的温度 T，对于控制参数的每一取值，算法持续进行"产生—判断—接受或舍去"的迭代过程，对应着固体在某一恒定温度下趋于热平衡的过程，当控制参数逐渐减小并趋于零时，系统越来越趋于平衡态，最后系统状态对应于优化问题的全局最优解。由于固体退火必须缓慢降温，才能使得固体在每一温度下都达到热平衡，最终趋于平衡状态，因此控制参数 t 经缓慢衰减，才能确保模拟退火算法最终优化问题的整体最优解[8]。

1) 求解步骤

(1) 给定模型每一个参数变化范围，在这个范围内随机选择一个初始模型 m_0，并计算相应的目标函数值 $E(m_0)$。

(2) 对当前模型进行扰动产生一个新模型 m，计算相应的目标函数值 $E(m)$，得到 $\Delta E = E(m) - E(m_0)$。

(3) 若 $\Delta E < 0$，则新模型被接受；若 $\Delta E > 0$，则新模型 m 按概率 $P = \exp(-\Delta E \cdot T)$ 进行接受，T 为温度。当模型被接受时，置 $m_0 = m$，$E(m_0) = E(m)$。

(4) 温度 T 下，重复一定次数的扰动和接受过程，即重复步骤(2)和步骤(3)。

(5) 缓慢降低温度 T。

(6) 重复步骤(2)和步骤(5)，直至收敛条件满足为止。

模拟退火算法中的几个关键问题是新模型的产生、温度更新函数、循环终止准则。在程序设计中新模型采用如下方式进行产生。$x_{j+1} = x_j + \text{step} \times (\text{rand} - 0.5)$，式中 x_{j+1} 与 x_j 分别为新、旧状态值；step 是步长扰动系数因子，与解空间的规模（即未知数个数）有直接关系，在源程序中按指数方式递减，即 $step = a \times step$；rand 是 $(-1, 1)$ 均匀分布的随机数。初始温度选择一个较大的数，并采用指数退温策略，即 $T_{k+1} = \alpha T_k$，α 为退温速率，抽样稳定准则也即内循环终止准则，用于决定在各温度下产生候选解的数目，文中选择固定步长数 L，在每次内循环的过程中记忆使目标函数值在该温度下达到最小值的状态函数值作为温后的状态参数初值。外循环终止采用运行达到控制参数 T 终值的要求标准算法停止。

2）方程组测试

选取了一个比较典型的代数方程和超越方程及方程组，在 Matlab 语言环境下进行数值模拟。参数设定：初始温度 $= 1\,000$，结束温度 $T_0 = 0.000\,1$，马尔科夫链长 $L = 150$，模拟方程（非线性方程）如下

$$\left[\begin{array}{l} f_1(X) = -x_1^3 + 5x_1^2 - x_1 + 2x_2 - 3 \\ f_2(X) = \cos x_2 - 10(x_1 + x_2) + \ln|x_1 x_2 + 1| - e^{(x_1 + x_2)} \end{array} \right. \tag{7-69}$$

测试结果如表 7-2 所示。

表 7-2 测 试 结 果

迭代次数	近似解 (x_1, x_2)	$F(X)$	迭代次数	近似解 (x_1, x_2)	$F(X)$
0	$(0, 0)$	4	20	$(4.999, 4.000\,04)$	2.25×10^{-7}
10	$(1.201, 2.776)$	$0.365\,2$			

本书给出的求解非线性方程和方程组 SA 算法是一种通用、高效、健壮可行的智能算法，且可以较容易地实现并行计算，以进一步提高运行效率，它不需要使用导数信息，对初始点并无依赖，数值实验结果与比较表明了算法的有效性。

同时模拟退火算法也存在着不足，如计算时间长，在同一温度下难以判断是否达到了平衡状态，即马尔科夫链长度难以控制，因此将 SA 算法和传统的求解方法结合构造混合算法，发挥各自的优势是值得研究的问题。

7.3.4 粒子群算法

粒子群优化算法（particle swarm optimization，PSO）最早由 Kennedy 和 Eberhart 提出。粒子群算法在对动物集群活动行为观察基础上，利用群体中的个体对信息的共享使整个群体的运动在问题求解空间中产生从无序到有序的演化过程，PSO 初始化为一群随机粒子（随机解），然后通过迭代找到最优解。在每一次迭代中，粒子通过跟踪两个"极值"来更新自己。一个是粒子本身所找到的最优解，称为个体极值，另一个极值是整个种群目前找到的最优解，这个极值是全局极值。该

算法最初是受到飞鸟集群活动的规律性启发,进而利用群体智能建立的一个简化模型,从而获得最优解。PSO 同遗传算法类似,是一种基于迭代的优化算法。系统初始化为一组随机解,通过迭代搜寻最优值。但是它没有遗传算法用的交叉(crossover)以及变异(mutation),而是粒子在解空间追随最优的粒子进行搜索。与遗传算法相比,PSO 的优势在于简单易实现,并且没有许多参数需要调整。目前已广泛应用于函数优化、神经网络训练、模糊系统控制以及其他遗传算法的应用领域[9]。

PSO 算法的主要优点有:

(1) 粒子群优化具有相当快的逼近最优解的速度,可以有效地对系统的参数进行优化。

(2) 粒子群算法的本质是利用当前位置、全局极值和个体极值 3 个信息,指导粒子下一步迭代位置。其个体充分利用自身经验和群体经验调整自身的状态是粒子群算法具有优异特性的关键。

(3) PSO 算法的优势在于求解一些连续函数的优化问题。

1) 算法步骤

PSO 的基本思想是:将所优化问题的每一个解称为一个微粒,每个微粒在 n 维搜索空间中以一定的速度飞行,通过适应度函数来衡量微粒的优劣,微粒根据自己的飞行经验以及其他微粒的飞行经验,来动态调整飞行速度,以期向群体中最好微粒位置飞行,从而使所优化问题得到最优解。

标准 PSO 算法描述为:假设搜索空间为 d 维,种群中有 Np 个粒子,那么群体中的粒子 i 在第 k 代的位置表示为一个 d 维向量 $\boldsymbol{x}_{ki}=(x_{ki,1},x_{ki,2},\cdots,x_{ki,d})$。粒子的速度定义为位置的改变,用向量 $\boldsymbol{v}_{ki}=(v_{ki,1},v_{ki,2},\cdots,v_{ki,d})$ 表示,且 $\boldsymbol{v}_{ki}\in[-v_{\max},v_{\max}]$。粒子 i 的速度和位置更新通过公式(7-70)得到。

$$v_{k+1}=w\times v_k+c_1\times \mathrm{rand}\times(\mathrm{Pbest}_k-x_k)+c_2\times \mathrm{rand}\times(\mathrm{Gbest}_k-x_k)$$

$$(7-70)$$

$$x_{k+1}=v_{k+1}+x_k$$

式中,k 为粒子更新迭代次数。在第 k 代,粒子 i 在 d 维空间中所经历过的"最好"位置记作 Pbest_k,粒子群中"最好"的粒子位置记作 Gbest_k,w 为惯性系数,c_1 和 c_2 为加速系数,参数 w、c_1、c_2 的取值依赖于具体问题,在基本算法中,$w=0.7$,$c_1=c_2=2$。$v_{\max}$ 是常数,由用户设定。研究发现较大的 $v_{\max}$ 有利于大范围的搜索,较小的 $v_{\max}$ 有利于局部小范围搜索。但是如果 $v_{\max}$ 太大,粒子有可能飞越最优解,如果 $v_{\max}$ 太小,则不能有效到达最优解。

2) 非线性方程组测试

下述方程组的计算均采用压缩因子方法,即利用上述步骤进行迭代计算。其

中迭代式中的参数选取为：$c_1 = c_2 = 2.05$，$K = 0.729$。粒子数目为 30 个，并取函数 $F(x) = \sum\limits_{i=1}^{m} | f_i(X) |$ 作为目标函数，对两组测试方程组各自计算 50 次，取最优结果的平均值进行统计，结果如表 7 - 3 所示。

表 7 - 3　测 试 结 果

迭代次数	近似解(x_1，x_2)	$F(X)$
0	(0.234 6，$-$0.574 3)	3.512 3
100	(0.042 7，$-$0.018 4)	0.232 7
200	($-$0.001 2，0.007 2)	0.080 5
400	1.0×10^{-4}($-$1.147 5，1.782 2)	0.001 1
600	1.0×10^{-5}(4.140 3，$-$3.435 6)	$8.843\ 0 \times 10^{-6}$
800	1.0×10^{-7}(3.042 3，$-$2.537 4)	$5.221\ 7 \times 10^{-8}$

测试方程组：

$$\begin{cases} f_1(X) = x_1 | x_2 | - 1 + e^{(\sin x_1 + \sin x_2)} \\ f_2(X) = \cos x_2 - 10(x_1 + x_2) + \ln | x_1 x_2 + 1 | - e^{(x_1 + x_2)} \end{cases} \tag{7-71}$$

其中求解空间的范围 $-10 \leqslant x_1$，$x_2 \leqslant 10$。

用传统的数值迭代方法难以求解方程组，而 PSO 算法则不需考虑方程的具体组成形式，可以对复杂问题进行求解。方程组(7 - 71)具有典型的非线性，传统解法对初始值十分敏感，而 PSO 算法避免了初始值的选取，解决了这类问题。从测试方程组可以看出 PSO 算法求解非线性方程组的有效性。

7.3.5　布谷鸟算法

2009 年，由剑桥大学的 Yang Xin-she 和 Deb Suash 在布谷鸟寻窝产蛋的行为中，发现了一种新的基于群体的智能优化算法——Cuckoo Search(CS)算法。该算法具有概念简单，参数少，计算速度快，全局寻优能力强，易于实现等特点，并且简单易用，在多个领域取得了成功，成为启发式智能算法领域的一个新亮点。由 CS 算法的这些特点，使得它不依赖于初始点和目标函数的导数信息，因此可以把 CS 算法推广到求解非线性方程组，仿真实验结果验证了算法的可行性和有效性[10]。

1) 算法步骤

算法是一种随机全局搜索算法，像 GA、PSO 一样，CS 是基于群体的优化算法。在自然界中，布谷鸟寻找适合自己产蛋的鸟窝位置是随机的或是类似随机的

方式,为了模拟布谷鸟寻窝的方式,Yang Xin-she 和 Deb Suash 假设了以下 3 个理想的规则:

(1) 布谷鸟一次只产一个蛋,并随机选择鸟窝来孵化它。

(2) 最好的鸟窝将会被保留到下一代。

(3) 可利用的鸟窝数量 n 是固定的,一个鸟窝的主人能发现一个外来鸟蛋的概率为 $P_a \in [0, 1]$。

在这 3 个理想状态的基础上,布谷鸟寻窝的路径和位置更新公式为

$$x_i(t+1) = x_i(t) + \alpha \oplus L(\lambda), \ i = 1, 2, \cdots, n \tag{7-72}$$

式中,$x_i(t)$ 表示第 i 个鸟窝在第 t 代的鸟窝位置;$\oplus$ 为点对点乘法;$\alpha > 0$ 表示步长大小,在大多数情况下取 $\alpha = 1$,随机步长 $L(\lambda)$,由 Levy 分布产生

$$L(\lambda) = \frac{\lambda \Gamma(\lambda)\sin(\pi\lambda/2)}{\pi} \frac{1}{s^{1+\lambda}}, \ 1 < \lambda \leqslant 3 \tag{7-73}$$

通过 s 是步长,位置更新后,比较随机数 $r \in [0, 1]$ 与 P_a 的大小,若 $r > P_a$,则随机产生 $x_i^{(t+1)}$,反之不变,最后保留适应值较好的一组鸟窝位置。

2) 求解测试

选取如下典型的非线性方程组为例进行说明,并与其他实验数据进行对比分析。实验参数设置为:$P_a = 0.25$,$\alpha = 1$,$n = 25$,允许误差 $f(x) < 1.0 \times 10^{-6}$,且为了验证算法的有效性,对于非线性方程组,算法运行 50 次,把这 50 次的运行结果的平均值作为优化结果。

$$\begin{cases} f_1(X) = (x_1 + 99.7)^2 + x_2 2 - 10\,000 \\ f_2(X) = \sin(5x_1) + \cos(5x_2) - 1.993\,2 \end{cases} \tag{7-74}$$

从数据结果可以看出,CS 算法具有很高的收敛可靠性以及较高的精度,对于非线性方程组求解具有良好的适应性。与其他方法比较,具有一定的优越性。结果如表 7-4 所示。

表 7-4　测　试　结　果

迭代次数	近似解 (x_1, x_2)	$F(X)$
0	$(0, 0)$	60.91
100	$(0.290\,9, -0.003\,9)$	1.6×10^{-4}
200	$(0.029\,1, 0.000\,1)$	4.5×10^{-5}

7.3.6 神经网络算法

近年来,人工神经网络已成为信息科学、计算机科学等学科的重要研究课题。众所周知,人工神经网络是在模拟人脑的基础上提出来的[12]。由于它具有许多优点,如网络的计算时间短、复杂度较小、非线性映射特性等,因此,其应用已越来越广泛,该方法可用于全局优化问题的求解等许多实际问题之中[11]。

定义能量函数:

$$E(x) = \frac{1}{2} \| f(x) \|^2 \tag{7-75}$$

为了求多元非线性方程组在空间内的根 x^*,可以用降能的方法求出能量函数 $E(x)$ 在空间中的极小值点,可建立如下的神经网络系统:

$$\begin{cases} \dfrac{\mathrm{d}x}{\mathrm{d}t} = - \nabla E(x) = - \nabla f^{\mathrm{T}}(x) f(x) \\ x(0) = x^0 \end{cases} \tag{7-76}$$

网络的平衡点即为非线性方程组在解空间内的根 x^*。

1) 算法步骤

根据上节中的理论分析,解多元非线性方程组(7-75)的神经网络方法的具体步骤如下。

步骤 1:令 $t = 0$,任选初始点 $x^0 = x(0)$,取 $\Delta t > 0$,精度 $\varepsilon > 0$,并令 $x = x^0$。

步骤 2:计算能量函数 $E(x)$ 的梯度:$\nabla E(x) = \nabla f^{\mathrm{T}}(x) f(x)$。

步骤 3:进行网络状态更新:$x(t + \Delta t) = x - \Delta t \cdot \nabla E(x)$。

步骤 4:计算 $s = \| f(x(t + \Delta t)) \|$。

步骤 5:终止条件判断:若 $s < \varepsilon$,则停,令多元非线性方程组在空间中的根 $x^* = x(t + \Delta t)$;否则,令 $x = x(t + \Delta t)$,$t = t + \Delta t$,转步骤 2。

2) 求解测试

$$\begin{cases} f_1(X) = (x_1 + 99.7)^2 + x_2{}^2 - 10\,000 \\ f_2(X) = \sin(5x_1) + \cos(5x_2) - 1.993\,2 \end{cases} \tag{7-77}$$

最终解的结果为 $x^* = (3.999\,999\,999\,872\,526,\ 2.000\,000\,000\,004\,905)$。

解多元非线性方程组的神经网络方法也可用于多元非线性方程及线性方程组的求解。此外,在算法的步骤 3 中,采用不同的常微分方程数值解法就会得到不同的神经网络系统状态更新的计算公式,文中所提出的仅是系统状态更新的计算公式中的最简单的一种。数值试验的结果表明,该算法对多元非线性方程组任意给定的初始点 x_0，都能很快地收敛到实根，因而，该算法是有效的[13, 14]。

7.4　本章小结

本章主要介绍了求解线性和非线性方程（组）的系列方法，包括常规求解方法和智能优化方法。其中常规求解算法技术成熟，是热力系统仿真中应用的主要方法。而生物启发式的智能优化算法能够有效地避开非线性方程（组）求解中的目标函数不可导与初始点不易选取等问题。本章对各算法进行了介绍，同时指出了部分算法的优缺点，介绍了常规方法和智能优化算法在求解非线性方程（组）中的应用。最后通过几个实际的算例，验证了各个算法的可行性和性能。当然，短短的语言难以囊括所有求解算法，我们也只能是窥得冰山一角。随着计算技术的发展，相信非线性方程（组）的解法可能会更加可靠、有效，智能优化算法的理论也会逐步走向成熟。

参 考 文 献

［1］郭江龙,张树芳,宋之平,等.火电厂热力系统热经济性矩阵分析方法[J].中国电机工程学报,2004,24(1)：205 - 210.

［2］仝营.基于流体网络方法的电站锅炉热力系统建模与性能分析预测研究[D].杭州：浙江大学,2014.

［3］张雨英.一种多尺度协同仿真方法及其在 SOFC - MGT 混合发电系统中的应用[D].重庆：重庆大学,2009.

［4］孙一博.核电机组二回路热力系统性能及经济性研究[D].大连：大连理工大学,2016.

［5］李庆扬,王能超,易大义.数值分析[M].5 版.北京：清华大学出版社,2008.

［6］杨鑫,代鹏.改进遗传算法的常微分方程求解及应用[J].辽宁工程技术大学学报,2015,(9)：1099 - 1104.

［7］王晓翠.基于遗传算法的微分方程求解问题的研究[D].保定：河北工业大学,2007.

［8］封京梅,卢楠.基于遗传模拟退火算法的绝对值方程求解[J].郑州轻工业学院学报：自然科学版,2015,(Z1)：161 - 164.

［9］王娟勤,李书琴.粒子群优化算法在求解线性规划方程中的效率研究[J].制造业自动化,2011,33(6)：88 - 91.

［10］秦强,冯蕴雯,薛小锋.全局最优导向模糊布谷鸟搜索算法及应用[J].北京航空航天大学学报,2016,42(1)：94 - 100.

［11］张雨浓,张禹珩,陈轲,等.线性矩阵方程的梯度法神经网络求解及其仿真验证[J].中

山大学学报(自然科学版),2008,47(3):26-32.

[12] 周欣,刘伯安,石秉学.神经网络的空间分解方法求解热传导方程[J].清华大学学报(自然科学版),2005,45(1):130-132.

[13] Lagaris I E,Likas A,Fotiadis D I. Artificial neural networks for solving ordinary and partial differential equations[J]. Neural Networks IEEE Transactions on,1998,9(5):987-1000.

[14] Lagaris I E,Likas A,Fotiadis D I. Artificial neural network methods in quantum mechanics[J]. Computer Physics Communications,1997,104(1-3):1-14.

第8章 热力系统仿真中的微分方程求解

随着对热力系统效率和排放等性能要求的提高,现代高性能的热力系统正向着结构更复杂、规模更庞大的方向发展[1]。对于各种大型的复杂热力系统,其数学模型也越来越复杂,建立微分方程是描述系统动态特性的建模手段之一。对于热力系统数学模型的求解,尤其是热力系统中微分方程的求解,已成为数值求解和仿真分析的一个热点。

8.1 热力系统与微分方程

微分方程是描述连续变化系统特性的数学语言,微分方程的求解就是确定满足给定方程的可微函数 $y(x)$ 的问题。常微分方程的基本形式如下:

$$y' = \frac{\mathrm{d}y}{\mathrm{d}x} = f(x, y), \, x \in [a, b] \tag{8-1}$$

常微分方程通常有无数个解,如:

$$\frac{\mathrm{d}y}{\mathrm{d}x} = \cos x \tag{8-2}$$

可解得

$$y = \sin x + C \tag{8-3}$$

其中 C 为任意常数。因此我们要加入一个限定条件,通常是给出端点,即

$$\begin{cases} \dfrac{\mathrm{d}y}{\mathrm{d}x} = f(x, y), \, x \in [a, b] \\ y(a) = y_0 \end{cases} \tag{8-4}$$

在热力系统建模与仿真的过程中,我们会建立状态方程。状态方程是一种自变量为时间 t 的特殊形式的常微分方程,其基本形式如下:

$$\dot{x} = \frac{\mathrm{d}x}{\mathrm{d}t} = f(x, t), \, x(t_0) = x_0 \tag{8-5}$$

其中,$x(t)$ 是随时间而变化的状态变量,依赖于初值 x_0,因此这种微分方程的求解问题也称为常微分方程的初值问题[2]。

本章重点讨论热力系统状态方程的求解,因此用状态方程描述相关问题。值得注意的是,所讨论的求解方法也可应用于其他形式的常微分方程求解过程之中。

8.1.1 热力系统模型中微分方程特点

热力系统微分方程,即状态方程,其特点是复杂程度高、非线性度强[3, 4]。以燃气轮机燃烧室压力为例,压力的状态方程可写为

$$\frac{\mathrm{d}p}{\mathrm{d}t} = \rho \frac{\mathrm{d}h}{\mathrm{d}t} \frac{k-1}{k} + \frac{R_g T_g}{V}(G_f + G_a - G_g) \tag{8-6}$$

式中,ρ 为烟气密度,与压力相关;$\frac{\mathrm{d}h}{\mathrm{d}t}$ 和 T_g 分别为烟气焓值变化率和烟气温度,与燃烧室出口焓的状态方程相关。想要直接求解出压力随时间的变化规律 $p(t)$ 是非常困难的,因此需要通过相应的求解方法对其进行近似求解。

8.1.2 微分方程求解要求

简单的或者特殊形式的状态方程可以直接求解精确结果 $x(t)$,称为解析解。但对于复杂的热力系统,通常无法得到精确的解析解,因此需要通过数值解法近似求解状态方程的结果[5]。

数值解法,即求解状态方程的过程中,不求取方程的解析式 $x(t)$,而是求解状态方程在一系列离散的时间节点 $t_1 < \cdots < t_n < t_{n+1} < \cdots$ 上的近似值 $x_1, \cdots, x_n$,x_{n+1},$\cdots$ 利用精确的初值 x_0 估算 t_1 时刻的近似值 x_1,从而估算 t_2 时刻的近似值 x_2,以此类推。这些结果称为状态方程的数值解。通常情况下相邻两个时间节点的间距 $h = t_{n+1} - t_n$ 为定值,称为步长。因此各个时间节点又可以写成 $t_n = t_0 + nh$。

在求解新时刻的状态量数值解 x_{n+1} 的过程中,仅用到上一时刻的结果 x_n 时,该数值解法称为单步法,常见的单步法有欧拉法和龙哥库塔法等。在求解数值解的过程中,不仅使用了上一时刻的结果 x_n,同时使用了再之前的结果 x_{n-1}、x_{n-2} 等,该数值解法称为多步法,常见的多步法有 Adams 法和 Gear 法等[6]。

数值解 x_n 与精确的解析解 $x(t_n)$ 之间会存在误差,这个误差和数值解法的选择相关,同时和步长 h 的大小相关,因此还要估算各类数值解法的误差以及收敛性、稳定性等问题[6, 7]。

下面将分别对单步法和多步法的典型算法进行分别阐述。

8.2　定步长算法

对微分方程数值解法的出发点是离散化,其数值解法有一个基本特点,就是都采用"步进式",即求解过程中顺着离散节点排列的次序一步步向前推进。根据离散方式和计算所需节点数目的不同,常规定步长算法可分成单步法和多步法两类。

8.2.1　单步法

单步法是指在求解新一时刻的状态量数值解 x_{n+1} 时,仅使用到上一步的结果 x_n 的数值解法,常见的单步法有欧拉法和龙格-库塔法[8]。

8.2.1.1　欧拉法及其改进形式

1) 欧拉法

将 $x = x(t)$ 在 $t = t_n$ 点泰勒展开,并计算级数在 $t = t_{n+1}$ 时的值,可得

$$x(t_{n+1}) = x(t_n) + \dot{x}(t_n)(t_{n+1} - t_n) +$$
$$\frac{1}{2}\ddot{x}(t_n)(t_{n+1} - t_n)^2 + \cdots + \tag{8-7}$$
$$\frac{1}{p!}x^{(p)}(t_n)(t_{n+1} - t_n)^p + R_p(t_{n+1})$$

令 $h = t_{n+1} - t_n$,又 $\dot{x}(t) = f(x, t)$,则

$$x(t_{n+1}) = x(t_n) + hf(x, t) + \frac{h^2}{2}f'(x, t) + \cdots + \tag{8-8}$$
$$\frac{h^p}{p!}f^{(p-1)}(x, t) + R_p(t_{n+1})$$

当 $p = 1$ 时,泰勒级数法变为

$$x_{n+1} = x_n + hf(x_n, t_n) \tag{8-9}$$

该方法称为欧拉(Euler)法[9]。

欧拉法同样可以用几何方式描述。在二维平面上画出 $x = x(t)$ 的解,即该式的积分曲线。积分曲线上的每一点 (x, t) 的切线斜率等于函数 $f(x, t)$ 的值。欧拉法即用 t_n 点的斜率代替了 (t_n, t_{n+1}) 区间内的变化的斜率。

基于上述几何解释,可以从初值点 P_0 (x_0, t_0) 出发,依次沿曲线方向推进到 $t = t_1$

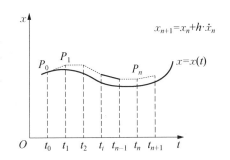

图 8 - 1　欧拉法计算示意图

上的点 P_1，然后再从 P_1 沿曲线方向推进到 $t = t_2$ 上的点 P_2，以此类推得到一条折线 $\overline{P_0 P_1 P_2 \cdots}$，如图 8-1 所示。

下面通过例子了解欧拉法的求解过程。

例 8.1 已知状态方程及其初始条件

$$\dot{x}(t) = 1 - \frac{2tx}{1+t^2}, \ x(0) = 0, \ 0 \leqslant t \leqslant 2$$

及其解析解

$$x(t) = \frac{t(3+t^2)}{3(1+t^2)}$$

选取步长 $h = 0.5$，利用欧拉法求解其数值解并比较与精确解的误差。

解：根据欧拉法

$$x_1 = x_0 + h\left(1 - \frac{2t_0 x_0}{1+t_0^2}\right)$$

式中，$t_0 = 0$，$x_0 = 0$，$h = 0.5$。当 $t_1 = 0.5$ 时，有

$$x_1 = 0.5$$

以此类推，$x_2 = 0.8$，$x_3 = 0.9$，$x_4 = 0.984\,615$。

根据其解析解

$$x(t) = \frac{t(3+t^2)}{3(1+t^2)}$$

当 $t = 0$，$t = 0.5$，$t = 1$，$t = 1.5$，$t = 2$ 时，$x(t)$ 分别求得 $0.433\,333$，$0.666\,667$，$0.807\,692$，$0.933\,333$。分析结果如表 8-1 所示。

表 8-1 欧拉法迭代结果

n	$t_n = nh = 0.5n$	x_n	$x(t_n)$精确值	误差
0	0	0	0	0
1	0.5	0.500 000	0.433 333	0.066 667
2	1.0	0.800 000	0.666 667	0.133 333
3	1.5	0.900 000	0.807 692	0.092 308
4	2.0	0.984 615	0.933 333	0.051 282

由于欧拉法利用上一步求解新的结果，随着求解步数的增加，误差会被累积。

但是,从例 8.1 的结果可以看出,随着求解步数的增加,误差并不是单调增大的,这是因为每一步计算的过程中,误差的正负不同,因此一定程度上消除了累积误差的影响。

2) 后退欧拉法

欧拉法在计算 x_{n+1} 时,利用了 t_n 时刻的导数来代替 (t_n, t_{n+1}) 区间内的变化的斜率,如果所取的斜率不是 t_n 点上的导数 $f(x_n, t_n)$,而是 t_{n+1} 点上的导数 $f(x_{n+1}, t_{n+1})$,就得到后退欧拉法,即

$$x_{n+1} = x_n + hf(x_{n+1}, t_{n+1}) \tag{8-10}$$

后退欧拉法与欧拉法最大的区别在于,该方法是一种隐式方法,在求解新一时刻状态量的过程中,利用了新一时刻状态方程的结果 $f(x_{n+1}, t_{n+1})$。

例 8.2　利用后退欧拉法求解例 8.1 中的问题,选取步长 $h = 0.5$,并比较与精确解的误差。

解: 根据后退欧拉法

$$x_{n+1} = x_n + h\left(1 - \frac{2t_{n+1}x_{n+1}}{1 + t_{n+1}^2}\right)$$

可得

$$x_{n+1} = \frac{x_n + h}{1 + \dfrac{2ht_{n+1}}{1 + t_{n+1}^2}}$$

因此,有

$$x_1 = \frac{x_0 + h}{1 + \dfrac{2ht_1}{1 + t_1^2}}$$

式中, $t_0 = 0$, $x_0 = 0$, $h = 0.5$。当 $t_1 = 0.5$ 时:

$$x_1 = 0.357142$$

以此类推, $x_2 = 0.571428$, $x_3 = 0.733082$, $x_4 = 0.880773$。

根据其解析解

$$x(t) = \frac{t(3 + t^2)}{3(1 + t^2)}$$

当 $t = 0$, $t = 0.5$, $t = 1$, $t = 1.5$, $t = 2$ 时, $x(t)$ 分别求得 0, 0.433333, 0.666667, 0.807692, 0.933333。分析结果如表 8-2 所示。

表 8-2　例 8.2 欧拉法求解结果

n	$t_n = nh = 0.5n$	x_n	$x(t_n)$ 精确值	误差
0	0	0	0	0
1	0.5	0.357 142	0.433 333	−0.076 191
2	1.0	0.571 428	0.666 667	−0.095 239
3	1.5	0.733 082	0.807 692	−0.074 610
4	2.0	0.880 773	0.933 333	−0.052 560

可以看出,由于例 8.2 中状态方程的形式比较简单,因此可以经过简单的变换直接得到求解新时刻状态量的方程式。但是当状态方程的形式复杂时,就必须使用迭代的方法求解新时刻状态量的结果,降低了计算效率。后退欧拉法降低了计算效率,但并没有明显提高计算精度,其主要优点在于更大的稳定域和收敛域。

3) 梯形法

结合欧拉法和后退欧拉法的思想,利用 t_n 点上导数 $f(x_n, t_n)$ 和 t_{n+1} 点上导数 $f(x_{n+1}, t_{n+1})$ 的平均值求解新时刻的结果,该方法称为梯形法[10],即

$$x_{n+1} = x_n + h \frac{f(x_n, t_n) + f(x_{n+1}, t_{n+1})}{2} \qquad (8-11)$$

梯形法同样使用到了新时刻,因此该方法与后退欧拉法相同,都是隐式算法。

例 8.3　利用梯形法求解例 8.1 中的问题,选取步长 $h = 0.5$,并比较与精确解的误差。

解: 根据梯形法

$$x_{n+1} = x_n + \frac{h}{2} \left(1 - \frac{2t_n x_n}{1 + t_n^2} + 1 - \frac{2t_n x_{n+1}}{1 + t_{n+1}^2} \right)$$

可得

$$x_{n+1} = \frac{x_n + h - \dfrac{h t_n x_n}{1 + t_n^2}}{1 + \dfrac{h t_{n+1}}{1 + t_{n+1}^2}}$$

因此,有

$$x_1 = \frac{x_0 + h - \dfrac{h t_0 x_0}{1 + t_0^2}}{1 + \dfrac{h t_1}{1 + t_1^2}}$$

式中，$t_0 = 0$，$x_0 = 0$，$h = 0.5$。当 $t_1 = 0.5$ 时：

$$x_1 = 0.416\,667$$

以此类推，$x_2 = 0.571\,428$，$x_3 = 0.733\,082$，$x_4 = 0.880\,773$。

根据其解析解

$$x(t) = \frac{t(3 + t^2)}{3(1 + t^2)}$$

当 $t = 0$，$t = 0.5$，$t = 1$，$t = 1.5$，$t = 2$ 时，$x(t)$ 分别求得 0，$0.416\,667$，$0.635\,000$，$0.787\,596$，$0.921\,025$。分析结果如表 8-3 所示。

表 8-3　梯形法求解结果

n	$t_n = nh = 0.5n$	x_n	$x(t_n)$精确值	误差
0	0	0	0	0
1	0.5	0.416 667	0.433 333	−0.016 666
2	1.0	0.635 000	0.666 667	−0.031 667
3	1.5	0.787 596	0.807 692	−0.020 096
4	2.0	0.921 025	0.933 333	−0.012 308

4）改进欧拉法

从例 8.3 的结果可以看出，由于采用了两个点的斜率，梯形法结果的精度相比于欧拉法和后退欧拉法有了明显的提高。但是，梯形法仍然是一种隐式解法，对于复杂的微分方程需要迭代进行求解。

改进欧拉法，又称为修恩（Huen）法，是一种利用非迭代方法估算下一时刻斜率并计算状态量的方法[11]。首先利用欧拉法估算下一时刻的状态量

$$x_{n+1}^0 = x_n + hf(x_n, t_n) \tag{8-12}$$

利用 x_{n+1}^0 代替梯形法中下一时刻的斜率，求解新一时刻的状态量

$$x_{n+1} = x_n + h\,\frac{f(x_n, t_n) + f(x_{n+1}^0, t_{n+1})}{2} \tag{8-13}$$

可以看出式（8-13）右侧并不使用下一时刻的状态量 x_{n+1} 的结果，而是用欧拉法的结果代替，因此该方法与欧拉法相同，是一种显式算法。

例 8.4　利用改进欧拉法求解例 8.1 中的问题，选取步长 $h = 0.5$，并分别比较欧拉法、后退欧拉法、梯形法与精确解的误差。

解：由改进欧拉法

$$x_1^0 = x_0 + h\left(1 - \frac{2t_0 x_0}{1 + t_0^2}\right)$$

式中，$t_0 = 0$，$x_0 = 0$，$h = 0.5$。当 $t_1 = 0.5$ 时：

$$x_1^0 = 0.5$$

因此，有

$$x_1 = x_0 + \frac{h}{2}\left(1 - \frac{2t_0 x_0}{1 + t_0^2} + 1 - \frac{2t_0 x_1^0}{1 + t_1^2}\right)$$

得

$$x_1 = 0.4$$

以此类推，$x_2 = 0.635$，$x_3 = 0.787\,596$，$x_4 = 0.921\,025$。

当 $t = 0$，$t = 0.5$，$t = 1$，$t = 1.5$，$t = 2$ 时，$x(t)$ 分别求得 0，$0.416\,667$，$0.635\,000$，$0.787\,596$，$0.921\,025$。比较四种解法的结果分析如表 8-4 所示。

表 8-4 改进欧拉法计算结果

n	$t_n = nh = 0.5n$	$x(t_n)$ 精确值	欧拉法		后退欧拉法		梯形法		改进欧拉法	
			x_n	误差	x_n	误差	x_n	误差	x_n	误差
0	0	0	0	0	0	0	0	0		
1	0.5	0.433 333	0.500 000	0.066 667	0.357 142	−0.076 191	0.416 667	−0.016 666	0.400 000	−0.033 333
2	1.0	0.666 667	0.800 000	0.133 333	0.571 428	−0.095 239	0.635 000	−0.031 667	0.635 000	−0.031 667
3	1.5	0.807 692	0.900 000	0.092 308	0.733 082	−0.074 610	0.787 596	−0.020 096	0.787 596	−0.020 096
4	2.0	0.933 333	0.984 615	0.051 282	0.880 773	−0.052 560	0.921 025	−0.012 308	0.921 025	−0.012 308

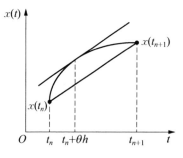

图 8-2 微分中值定律

从结果观察可知，欧拉法和后退欧拉法的精度低于梯形法和改进欧拉法，这是由于后两种算法使用了两个点的斜率计算新时刻的状态量。

8.2.1.2 龙格-库塔法

1）二阶龙格-库塔法

根据微分中值定律（见图 8-2）

$$x(t_{n+1}) = x(t_n) + hf(x(t_n + \theta h), (t_n + \theta h)) \tag{8-14}$$

可以看出四种欧拉法均是对 $t_n + \theta h$ 的近似求解。

单步递推法的基本思想是从 (x_n, t_n) 点出发,以某一斜率沿直线达到 (x_{n+1}, t_{n+1}) 点,由于欧拉法及其各种变形,在计算的过程中最多只使用了两个点的斜率,因此所能达到的最高精度为 2 阶。

将改进欧拉公式改写成如下形式

$$\begin{cases} x_{n+1} = x_n + h\left(\dfrac{1}{2}K_1 + \dfrac{1}{2}K_2\right) \\ K_1 = f(t_n, x_n) \\ K_2 = f(t_n + h, x_n + hK_1) \end{cases} \tag{8-15}$$

式中,斜率为 K_1 和 K_2 的平均值,而 K_2 点的位置即下一时刻点 t_{n+1} 的位置。

我们尝试将改进欧拉公式进行推广,改变 K_2 点的位置,取

$$t_{n+p} = t_n + ph, \ 0 < p \leqslant 1 \tag{8-16}$$

同时两个斜率 K_1 和 K_2 取加权平均,即

$$x_{n+1} = x_n + h[(1-\lambda)K_1 + \lambda K_2], \ 0 \leqslant \lambda \leqslant 1 \tag{8-17}$$

则有

$$\begin{cases} x_{n+1} = x_n + h[(1-\lambda)K_1 + \lambda K_2] \\ K_1 = f(t_n, x_n) \\ K_2 = f(t_n + ph, x_n + phK_1) \end{cases} \tag{8-18}$$

分别将 K_1 和 K_2 做泰勒展开

$$K_1 = \dot{x}(t_n) \tag{8-19}$$

$$K_2 = \dot{x}(t_n) + ph\ddot{x}(t_n) + O(h^2) \tag{8-20}$$

因此,有

$$x(t_{n+1}) = x(t_n) + h\dot{x}(t_n) + \lambda ph^2 \ddot{x}(t_n) + O(h^3) \tag{8-21}$$

对比 x_{n+1} 的泰勒展开可知

$$\lambda p = \frac{1}{2} \tag{8-22}$$

满足所有该条件的方法,称为二阶龙格-库塔(Runge-Kutta)法。

可以看出当 $\lambda = \dfrac{1}{2}$ 且 $p = 1$ 时,即为改进欧拉法,因此改进欧拉法也是一种特殊的二阶龙格-库塔法[12]。

2) 龙格-库塔法的一般形式和 Butcher Tableau

二阶龙格-库塔法是在 $[t_n, t_{n+1}]$ 内计算两个点的斜率值,而龙格-库塔法一般形式的基本思想是在 $[t_n, t_{n+1}]$ 这一步内多计算几个点的斜率值,然后将其进行加权平均作为平均斜率,构造出更高精度的计算格式。

p 阶龙格-库塔法的一般形式可写为

$$\begin{cases} x_{n+1} = x_n + b_1 K_1 + b_2 K_2 + \cdots + b_p K_p \\ K_1 = hf(x_n, t_n) \\ K_2 = hf(x_n + a_{21}K_1, t_n + c_2 h) \\ \cdots \\ K_p = hf(x_n + a_{p1}K_1 + \cdots + a_{p, p-1}K_{p-1}, t_n + c_p h) \end{cases} \quad (8-23)$$

同样考虑二阶一般形式

$$\begin{cases} x_{n+1} = x_n + b_1 K_1 + b_2 K_2 \\ K_1 = hf(x_n, t_n) \\ K_2 = hf(x_n + a_{21}K_1, t_n + c_2 h) \end{cases} \quad (8-24)$$

利用泰勒展开可以解得符合二阶精度的数值解法必须满足

$$\begin{cases} b_1 + b_2 = 1 \\ c_2 b_2 = \dfrac{1}{2} \\ a_{21} b_2 = \dfrac{1}{2} \end{cases} \quad (8-25)$$

与上文结论相同。

对于 p 阶的龙格-库塔法,利用符合条件的 a_{21}, a_{31}, a_{32}, $\cdots$, b_1, b_2, $\cdots$, c_1, c_2, $\cdots$ 的参数,即可表达不同的数值解法,将其做成表格的形式写为

$$\begin{array}{c|ccccc} 0 & & & & \\ c_2 & a_{21} & & & \\ c_3 & a_{31} & a_{32} & & \\ \vdots & \vdots & & \ddots & \\ c_s & a_{s1} & a_{s2} & & a_{s, s-1} \\ \hline & b_1 & b_2 & \cdots & b_{s-1} & b_s \end{array}$$

称之为 Butcher Tableau。

3）典型的三阶、四阶龙格-库塔法

对于确定阶数的龙格-库塔法，满足精度条件的参数有无数种组合，本部分分别列出典型的三阶和四阶龙格-库塔算法。

其中典型的三阶龙格-库塔法，又称为三阶库塔算法，其解法可写为

$$
\begin{cases}
x_{n+1} = x_n + \dfrac{1}{6}(K_1 + 4K_2 + K_3) \\[2mm]
K_1 = hf(x_n,\, t_n) \\[2mm]
K_2 = hf\left(x_n + \dfrac{1}{2}K_1,\, t_n + \dfrac{1}{2}h\right) \\[2mm]
K_3 = hf(x_n - K_1 + 2K_2,\, t_n + h)
\end{cases}
\tag{8-26}
$$

利用 Butcher Tableau 可写为

$$
\begin{array}{c|ccc}
0 & & & \\
1/2 & 1/2 & & \\
1 & -1 & 2 & \\
\hline
& 1/6 & 2/3 & 1/6
\end{array}
$$

典型的四阶龙格-库塔法，又称为经典四阶算法，其解法可写为

$$
\begin{cases}
x_{n+1} = x_n + \dfrac{1}{6}(K_1 + 2K_2 + 2K_3 + K_4) \\[2mm]
K_1 = hf(x_n,\, t_n) \\[2mm]
K_2 = hf\left(x_n + \dfrac{1}{2}K_1,\, t_n + \dfrac{1}{2}h\right) \\[2mm]
K_3 = hf\left(x_n + \dfrac{1}{2}K_2,\, t_n + \dfrac{1}{2}h\right) \\[2mm]
K_4 = hf(x_n + K_3,\, t_n + h)
\end{cases}
\tag{8-27}
$$

利用 Butcher Tableau 可写为

$$
\begin{array}{c|cccc}
0 & & & & \\
1/2 & 1/2 & & & \\
1/2 & 0 & 1/2 & & \\
1 & 0 & 0 & 1 & \\
\hline
& 1/6 & 1/3 & 1/3 & 1/6
\end{array}
$$

8.2.2 多步法

在 8.2.1 节中介绍的单步法,由于只是用了上一步的结果,精度受到了影响。虽然龙格-库塔法在计算新时刻状态量的过程中使用了多个点的结果进行计算,但仍仅仅基于上一时刻的结果进行推导,其本质仍是单步法。

多步法的基本思想是利用之前多个时刻的状态量计算结果计算下一时刻的状态量。与龙格-库塔法相同,选取的时间点越多,算法的精度越高。

1) 多步法基本公式

多步法利用了多个时刻状态量的相关信息,其一般形式可以写为

$$
\begin{aligned}
x_{n+1} &= \sum_{i=0}^{p} a_i x_{n-i} + h \sum_{i=-1}^{p} b_i f_{n-i} \\
&= a_0 x_n + a_1 x_{n-1} + \cdots + a_p x_{n-p} + \\
&\quad h\big[b_{-1} f(x_{n+1},\, t_{n+1}) + b_0 f(x_n,\, t_n) + \cdots + \\
&\quad b_p f(x_{n-p},\, t_{n-p}) \big]
\end{aligned}
\tag{8-28}
$$

从式(8-28)可以看出,多步法在计算中使用了 $f(x_{n+1},\, t_{n+1})$,当 $b_{-1} \neq 0$ 时,该方法与后退欧拉法和梯形法相似,是隐式的,否则则是显式的。多步法包括了 a_0,a_1,$\cdots$,a_p,b_{-1},b_0,$\cdots$,b_p 这 $2p+3$ 个系数[13]。

用一 k 阶的多项式去近似拟合 $x(t)$:

$$
x(t) = \alpha_0 + \alpha_1 t + \alpha_2 t^2 + \cdots + \alpha_k t^k
\tag{8-29}
$$

利用多步法求解,求解 α_0,α_1,$\cdots$,α_k 共 $k+1$ 个系数的方法称为线性多步法。所以两式的系数需要满足下式

$$
2p + 3 \geqslant k + 1
\tag{8-30}
$$

为确定多步法系数,我们用一组线性空间中的基函数 $\phi_1(t)$,$\phi_2(t)$,$\cdots$,$\phi_k(t)$ 去确定系数,令

$$
\phi_j(t) = t^j, \quad j = 0, 1, 2, \cdots, k
\tag{8-31}
$$

则多步法方程的形式变为

$$
\begin{aligned}
\phi_j(t_{n+1}) &= \sum_{i=0}^{p} a_i \phi_j(t_{n-i}) + \\
&\quad h\Big[\sum_{i=-1}^{p} b_i \dot{\phi}_j(t_{n-i}) \Big], \quad j = 0, 1, 2, \cdots, k
\end{aligned}
\tag{8-32}
$$

现考虑最简单的情况,令 $p = 0$, $k = 1$,即

$$x_{n+1} = a_0 x_n + b_1 h f(x_{n+1},\ t_{n+1}) + b_0 h f(x_n,\ t_n) \qquad (8-33)$$

且

$$\phi_0(t) = 1,\ \phi_1(t) = t,\ \dot{\phi}_0(t) = 0,\ \dot{\phi}_1(t) = 1 \qquad (8-34)$$

求解基函数

$$\phi_0(t_{n+1}) = a_0\,\phi_0(t_n) + b_{-1}\,\dot{\phi}_0(t_{n-1}) + b_0\,\dot{\phi}_0(t_n) \qquad (8-35)$$

$$\phi_1(t_{n+1}) = a_0\,\phi_1(t_n) + b_{-1}\,\dot{\phi}_1(t_{n-1}) + b_1\,\dot{\phi}_1(t_n) \qquad (8-36)$$

代入得

$$1 = a_0 \qquad (8-37)$$

$$t_{n+1} = a_0 t_n + b_{-1}h + b_0 h \qquad (8-38)$$

得

$$a_0 = 1 \qquad (8-39)$$

$$b_{-1} + b_0 = 1 \qquad (8-40)$$

可以看出欧拉法、后退欧拉法均是符合线性多步法思想的一种简化单步算法。

2) Adam 法

根据线性多步法一般形式进行泰勒通式,可求得满足约束条件

$$\sum_{i=0}^{p} a_i = 1 \qquad (8-41)$$

$$\sum_{i=0}^{p} (-i)^j a_i + j \sum_{i=-1}^{p} (-i)^{j-1} b_i = 1,\ j = 1,\ 2,\ \cdots,\ k \qquad (8-42)$$

我们知道当 $2p + 3 > k + 1$ 能求出无穷组线性多步法系数。Adam 方法是一种特殊的线性多步法,它考虑下一时刻的状态量只与上一时刻的结果相关,不与再上一时刻之前的结果相关,而与多个时刻的导数相关。即 $a_0 = 1$,其他为 $a_i = 0 (i \neq 0)$,即

$$x_{n+1} = x_n + h \sum_{i=-1}^{p} b_i f_{n-i} \qquad (8-43)$$

之后选择显式还是隐式。当 $b_{-1} = 0$ 时,该方法是显式的,又称为 Adam's-Bashforth 法,取 $p = k - 1$,有

$$\sum_{i=0}^{k-1} (-i)^{j-1} b_i = \frac{1}{j}, \; j = 1, 2, \cdots, k \tag{8-44}$$

即

$$\begin{bmatrix} 1 & 1 & 1 & \cdots & 1 \\ 0 & -1 & -2 & \cdots & -(k-1) \\ 0 & 1 & 4 & \cdots & [-(k-1)]^2 \\ \vdots & \vdots & \vdots & \ddots & \vdots \\ 0 & -1^{(k-1)} & -2^{(k-1)} & \cdots & [-(k-1)]^{(k-1)} \end{bmatrix} \begin{bmatrix} b_0 \\ b_1 \\ b_2 \\ \vdots \\ b_{k-1} \end{bmatrix} = \begin{bmatrix} 1 \\ 1/2 \\ 1/3 \\ \vdots \\ 1/k \end{bmatrix} \tag{8-45}$$

当 $b_{-1} \neq 0$ 时，该方法是隐式的，又称为 Adam's-Moulton 法，取 $p = k-2$，有

$$\sum_{i=-1}^{k-2} (-i)^{j-1} b_i = \frac{1}{j}, \; j = 1, 2, \cdots, k \tag{8-46}$$

即

$$\begin{bmatrix} 1 & 1 & 1 & 1 & \cdots & 1 \\ 1 & 0 & -1 & -2 & \cdots & -(k-2) \\ 1 & 0 & 1 & 4 & \cdots & [-(k-2)]^2 \\ \vdots & \vdots & \vdots & \vdots & \ddots & \vdots \\ 1 & 0 & -1^{(k-1)} & -2^{(k-1)} & \cdots & [-(k-2)]^{(k-1)} \end{bmatrix} \begin{bmatrix} b_{-1} \\ b_0 \\ b_1 \\ \vdots \\ b_{k-2} \end{bmatrix} = \begin{bmatrix} 1 \\ 1/2 \\ 1/3 \\ \vdots \\ 1/k \end{bmatrix} \tag{8-47}$$

以三阶 Adam 法为例，其中显式 Adam's-Bashforth 法有

$$\begin{bmatrix} 1 & 1 & 1 \\ 0 & -1 & -2 \\ 0 & 1 & 4 \end{bmatrix} \begin{bmatrix} b_0 \\ b_1 \\ b_2 \end{bmatrix} = \begin{bmatrix} 1 \\ 1/2 \\ 1/3 \end{bmatrix} \tag{8-48}$$

得

$$\begin{bmatrix} b_0 \\ b_1 \\ b_2 \end{bmatrix} = \begin{bmatrix} 23/12 \\ -16/12 \\ 5/12 \end{bmatrix} \tag{8-49}$$

即

$$x_{n+1} = x_n + \frac{h}{12} [23 f(x_n, t_n) - 16 f(x_{n-1}, t_{n-1}) + \tag{8-50}$$

$$5 f(x_{n-2}, t_{n-2})]$$

隐式 Adam's-Moulton 法有

$$\begin{bmatrix} 1 & 1 & 1 \\ 1 & 0 & -1 \\ 1 & 0 & 1 \end{bmatrix} \begin{bmatrix} b_{-1} \\ b_0 \\ b_1 \end{bmatrix} = \begin{bmatrix} 1 \\ 1/2 \\ 1/3 \end{bmatrix} \tag{8-51}$$

得

$$\begin{bmatrix} b_{-1} \\ b_0 \\ b_1 \end{bmatrix} = \begin{bmatrix} 5/12 \\ 8/12 \\ -1/12 \end{bmatrix} \tag{8-52}$$

即

$$x_{n+1} = x_n + \frac{h}{12} \big[5f(x_{n+1}, t_{n+1}) + 8f(x_n, t_n) - f(x_{n-1}, t_{n-1}) \big] \tag{8-53}$$

多步法在计算过程中,由于要使用之前多步的信息,而通常情况下,热力系统状态方程只能给出初始时刻的条件。因此通常先采用单步法计算出足够的信息,然后再使用多步法计算接下来的状态量。

例 8.5　分别利用三阶 Adam's-Bashforth 法和 Adam's-Moulton 法求解例8.1中的问题,已知

$$x(0) = 0$$
$$x(0.5) = 0.433\,333$$
$$x(1) = 0.666\,667$$

选取步长 $h = 0.5$,并比较与精确解的误差。

解:根据三阶 Adam's-Bashforth 法,有

$$x_3 = x_2 + \frac{h}{12} \Big[23 \Big(1 - \frac{2t_2 x_2}{1 + t_2^2} \Big) - 16 \Big(1 - \frac{2t_1 x_1}{1 + t_1^2} \Big) + 5 \Big(1 - \frac{2t_0 x_0}{1 + t_0^2} \Big) \Big]$$

由于

$$t_0 = 0,\ x_0 = 0,\ t_1 = 0.5,\ x_1 = 0.433\,333,\ t_2 = 1,\ x_2 = 0.666\,667$$

可得

$$x_3 = 0.764\,814$$

同理

$$x_4 = 0.958\,618$$

根据三阶 Adam's-Moulton 法,有

$$x_3 = x_2 + \frac{h}{12}\left[5\left(1 - \frac{2t_3 x_3}{1 + t_3^2}\right) + 8\left(1 - \frac{2t_2 x_2}{1 + t_2^2}\right) - \left(1 - \frac{2t_1 x_1}{1 + t_1^2}\right)\right]$$

得

$$x_3 = \frac{x_2 + \dfrac{h}{12}\left[5 + 8\left(1 - \dfrac{2t_2 x_2}{1 + t_2^2}\right) - \left(1 - \dfrac{2t_1 x_1}{1 + t_1^2}\right)\right]}{1 + \dfrac{2ht_3}{12(1 + t_3^2)}}$$

由于

$$t_0 = 0,\ x_0 = 0,\ t_1 = 0.5,\ x_1 = 0.433\,333,\ t_2 = 1,\ x_2 = 0.666\,667$$

可得

$$x_3 = 0.804\,530$$

同理

$$x_4 = 0.929\,801$$

三阶 Adam's-Bashforth 法和 Adam's-Moulton 法计算结果如表 8-5 所示。

表 8-5　三阶 Adam's-Bashforth 法和 Adam's-Moulton 法计算结果

n	$t_n = nh = 0.5n$	$x(t_n)$ 精确值	Adam's-Bashforth 法		Adam's-Moulton 法	
			x_n	误差	x_n	误差
0	0	0	0	0	0	0
1	0.5	0.433 333	0.433 333	0	0.433 333	0
2	1.0	0.666 667	0.666 667	0	0.666 667	0
3	1.5	0.807 692	0.764 814	−0.042 878	0.804 530	−0.003 162
4	2.0	0.933 333	0.958 618	0.025 285	0.929 801	−0.003 532

3) Gear 法

与 Adam 法相反,Gear 法假定新时刻的状态量只与新时刻的导数相关,与之前时刻的导数无关,即 $b_{-1} \neq 0$, $b_i = 0(i \neq -1)$,显然 Gear 法一定为隐式法。Gear 法的通式可以写为

$$x_{n+1} = \sum_{i=0}^{p} a_i x_{n-i} + b_{-1} f_{n+1} \tag{8-54}$$

与 Adam 法同理,Gear 法可得

$$\sum_{i=0}^{p} a_i = 1 \tag{8-55}$$

$$\sum_{i=0}^{p} (-i)^j a_i + j b_{-1} = 1, \quad j = 1, 2, \cdots, k \tag{8-56}$$

取 $p = k-1$，则有

$$\begin{bmatrix} 1 & 1 & 1 & \cdots & 1 & 0 \\ 0 & -1 & -2 & \cdots & -(k-1) & 1 \\ 0 & 1 & 4 & \cdots & [-(k-1)]^2 & 2 \\ \vdots & \vdots & \vdots & \ddots & \vdots & \vdots \\ 0 & -1^k & -2^k & \cdots & [-(k-1)]^k & k \end{bmatrix} \begin{bmatrix} a_0 \\ a_1 \\ a_2 \\ \vdots \\ b_{-1} \end{bmatrix} = \begin{bmatrix} 1 \\ 1 \\ 1 \\ \vdots \\ 1 \end{bmatrix} \tag{8-57}$$

同样考虑 3 阶 Gear 法，有

$$\begin{bmatrix} 1 & 1 & 1 & 0 \\ 0 & -1 & -2 & 1 \\ 0 & 1 & 4 & 2 \\ 0 & -1 & -8 & 3 \end{bmatrix} \begin{bmatrix} a_0 \\ a_1 \\ a_2 \\ b_{-1} \end{bmatrix} = \begin{bmatrix} 1 \\ 1 \\ 1 \\ 1 \end{bmatrix} \tag{8-58}$$

得

$$\begin{bmatrix} a_0 \\ a_1 \\ a_2 \\ b_{-1} \end{bmatrix} = \begin{bmatrix} 18/11 \\ -9/11 \\ 2/11 \\ 6/11 \end{bmatrix} \tag{8-59}$$

即

$$x_{n+1} = \frac{18}{11} x_n - \frac{9}{11} x_{n-1} + \frac{2}{11} x_{n-2} + \frac{6}{11} h f(x_{n+1}, t_{n+1}) \tag{8-60}$$

例 8.6　分别利用三阶 Gear 法求解例 8.1 中的问题，已知

$$x(0) = 0$$
$$x(0.5) = 0.433\,333$$
$$x(1) = 0.666\,667$$

选取步长 $h = 0.5$，并比较与精确解的误差。

解：根据三阶 Gear 法，有

$$x_3 = \frac{18}{11} x_2 - \frac{9}{11} x_1 + \frac{2}{11} x_0 + \frac{6}{11} h \left(1 - \frac{2 t_3 x_3}{1 + t_3^2} \right)$$

得

$$x_3 = \frac{\dfrac{18}{11}x_2 - \dfrac{9}{11}x_1 + \dfrac{2}{11}x_0 + \dfrac{6}{11}h}{1 + \dfrac{2ht_3}{1+t_3^2}}$$

由于

$$t_0 = 0,\ x_0 = 0,\ t_1 = 0.5,\ x_1 = 0.433\,333,\ t_2 = 1,\ x_2 = 0.666\,667$$

可得

$$x_3 = 0.806\,146$$

同理

$$x_4 = 0.923\,679$$

三阶 Gear 法计算结果如表 8 - 6 所示。

表 8 - 6　三阶 Gear 法计算结果

n	$t_n = nh = 0.5n$	x_n	$x(t_n)$精确值	误差
0	0	0	0	0
1	0.5	0.433 333	0.433 333	0
2	1.0	0.666 667	0.666 667	0
3	1.5	0.806 146	0.807 692	−0.001 546
4	2.0	0.923 679	0.933 333	−0.009 654

4）其他多步法

米尔尼方法：

$$x_{n+1} = x_{n-3} + \frac{4h}{3}(2f_n - f_{n-1} + 2f_{n-2}) \tag{8-61}$$

辛普森方法：

$$x_{n+1} = x_{n-1} + \frac{h}{3}(f_{n+1} + 4f_n + f_{n-1}) \tag{8-62}$$

汉明方法[14]：

$$x_{n+1} = \frac{1}{8}(9x_n - x_{n-2}) + \frac{3h}{8}(f_{n+1} + 2f_n - f_{n-1}) \tag{8-63}$$

8.3　变步长算法

微分方程的步长是影响计算精度的重要因素,定步长中步长的选择至关重要,若步长太大,则难以保证计算精度;若步长太小,则计算量太大,并且积累误差也会增大。在实际计算中通常采用变步长的方法,即在计算过程中步长发生变化,以平衡计算精度和速度。

8.3.1　变步长基本思想

以上过程讨论的均是定步长的算法,定步长的缺点在于当步长过大,误差大,而当步长过小,计算量大。变步长的思想是当取某个步长时,若误差过大,则减小步长,若误差较小,则增大步长。

上述的误差分析和稳定性分析只能知道各个算法的精度阶数,当真实的解析解未知时,无法精确求解具体的误差。因此可以选用不同的步长对误差进行估算[15]。以四阶龙格-库塔为例,其有四阶精度,因此当步长取 h 时,真实值与数值解的差为

$$x(t_{n+1}) - x_{n+1}^{(h)} = o(h^5) \approx ch^5 \qquad (8-64)$$

当步长取 $h/2$ 时,真实值与数值解的差为

$$x(t_{n+1}) - x_{n+1}^{(h/2)} = 2o((h/2)^5) \approx ch^5/16 \qquad (8-65)$$

因此

$$x(t_{n+1}) - x_{n+1}^{(h/2)} = \frac{1}{15}\left[x_{n+1}^{(h)} - x_{n+1}^{(h/2)}\right] \qquad (8-66)$$

可以看出,当步长取 $h/2$,其整体截断误差只有两种算法结果之差的 $1/15$,因此可用 $x_{n+1}^{(h/2)}$ 作为真实值的近似值,用两种算法结果之差来代替步长取 h 时的整体截断误差。当该误差小于要求值时,可以继续使用该步长或者增大步长,当超过要求阈值时,则必须减小步长。

8.3.2　变步长龙格-库塔法

一般变步长算法利用不同的步长来估算误差,变步长龙格-库塔法是一种特殊的变步长算法,它利用不同阶的龙格-库塔法来估算误差。由于高阶的龙格-库塔具有更高的精度,因此也可以用来估算真实值,用高阶和低阶的结果差来估算

误差。

为了简化计算步骤,尽量选取参数相同的两组算法结果来进行高阶和低阶的配对,同样利用 Butcher Tableau 来描述。

$$
\begin{array}{c|ccccc}
0 & & & & & \\
c_2 & a_{21} & & & & \\
c_3 & a_{31} & a_{32} & & & \\
\vdots & \vdots & & \ddots & & \\
c_s & a_{s1} & a_{s2} & & a_{s,\,s-1} & \\
\hline
 & b_1 & b_2 & \cdots & b_{s-1} & b_s \\
 & b_1^* & b_2^* & & b_{s-1}^* & b_s^*
\end{array}
$$

式中,b 下行为低阶,上行为高阶,而低高阶采用相同的系数 a 和 c。

一种最简单形式的变步长龙格-库塔法,即采用 Euler 提供候选解,Huen 控制误差,即 Huen-Euler 法:

$$
\begin{array}{c|cc}
0 & & \\
1 & 1 & \\
\hline
 & 1/2 & 1/2 \\
 & 1 & 0
\end{array}
$$

另一种二阶-三阶的变步长算法称为 Bogacki-Shampine 算法,即 Matlab 软件中使用的 ode23 算法,其 Butcher Tableau 可写为

$$
\begin{array}{c|cccc}
0 & & & & \\
1/2 & 1/2 & & & \\
3/4 & 0 & 3/4 & & \\
1 & 2/9 & 1/3 & 4/9 & \\
\hline
 & 2/9 & 1/3 & 4/9 & 0 \\
 & 7/24 & 1/4 & 1/3 & 1/8
\end{array}
$$

一种四阶-五阶的变步长算法称为 Dormand-Prince 算法,即 Matlab 软件中使用的 ode45 算法,其 Butcher Tableau 可写为

$$
\begin{array}{c|ccccccc}
0 \\
\dfrac{1}{5} & \dfrac{1}{5} \\
\dfrac{3}{10} & \dfrac{3}{40} & \dfrac{9}{40} \\
\dfrac{4}{5} & \dfrac{44}{45} & -\dfrac{56}{15} & \dfrac{32}{9} \\
\dfrac{8}{9} & \dfrac{19\,372}{6\,561} & -\dfrac{25\,360}{2\,187} & \dfrac{64\,448}{6\,561} & -\dfrac{212}{729} \\
1 & \dfrac{9\,017}{3\,168} & -\dfrac{355}{33} & \dfrac{46\,732}{5\,247} & \dfrac{49}{176} & -\dfrac{5\,103}{18\,656} \\
1 & \dfrac{35}{384} & 0 & \dfrac{500}{1\,113} & \dfrac{125}{192} & -\dfrac{2\,187}{6\,784} & \dfrac{11}{84} \\
\hline
 & \dfrac{35}{384} & 0 & \dfrac{500}{1\,113} & \dfrac{125}{192} & -\dfrac{2\,187}{6\,784} & \dfrac{11}{84} & 0 \\
 & \dfrac{5\,179}{57\,600} & 0 & \dfrac{7\,571}{16\,695} & \dfrac{393}{640} & -\dfrac{92\,097}{339\,200} & \dfrac{187}{2\,100} & \dfrac{1}{40}
\end{array}
$$

8.4　数值解法的收敛性与稳定性

相对于微分方程求解的重要作用,微分方程解析解的求解工作本身却存在着巨大的困难。于是,用数值方法求数值解就逐渐为人们所接受。但是,一方面,数值方法的选取需要考虑很多方面的因素,另一方面,数值解与解析解存在着或大或小的差异,这就要求对数值方法有比较全面的认识,对数值解的求解性能进行评估,因而数值解的收敛性和稳定性的重要程度也就凸显出来,成为评价数值解法的重要指标。

8.4.1　收敛性

数值解法存在误差,定义

$$e_n = x(t_n) - x_n \tag{8-67}$$

为算法的整体截断误差。当 $h \to 0$ 时,有 $e_n \to 0$,则称该算法是稳定的。

假设单步法具有 p 阶精度,其增量函数 $\varphi(t, x, h)$ 关于 x 满足利普希茨条件:

$$| \varphi(t, x, h) - \varphi(t, \bar{x}, h) | \leqslant L_{\varphi} | x - \bar{x} | \tag{8-68}$$

又设初值 x_0 是准确的,即 $x_0 = x(t_0)$,则其整体截断误差为

$$x(t_n) - x_n = o(h^p) \tag{8-69}$$

根据该定律,判断单步法收敛的条件归结为是否满足利普希茨条件,常见的欧拉法、龙格-库塔法都是收敛的[16]。

8.4.2 稳定性

当误差随着步数累积能够逐渐衰减,则称这种方法是稳定的。对于稳定的数值计算方法,积分步长的选择将只决定于局部截断误差[7, 17]。

以下述测试方程为例:

$$\dot{x}(t) = \lambda x(t) \tag{8-70}$$

$$x(t_0) = x_0 \tag{8-71}$$

易得

$$x(t) = x_0 e^{\lambda t} \tag{8-72}$$

$\lambda < 0$ 时趋于 0,$\lambda > 0$ 时趋于无穷大。

考虑欧拉法:

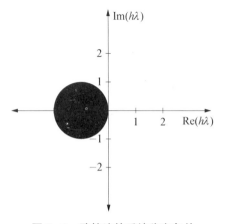

图 8-3 欧拉法的系统稳定条件

$$x_{n+1} = x_n + h\lambda x_n = (1 + h\lambda)^n x_0 \tag{8-73}$$

可以看出只有当 $| 1 + h\lambda | < 1$ 时,才能使当 $\lambda < 0$ 时,$x(t)$ 随着时间的推移而趋向于零。所以对于 $\lambda < 0$,系统稳定的条件是 $h\lambda$ 落在以 $(-1, 0)$ 为圆心的单位圆内,如图 8-3 所示。

考虑后退欧拉法

$$x_{n+1} = x_n + h\lambda x_{n+1} = \left(\frac{1}{1 - h\lambda} \right)^n x_0 \tag{8-74}$$

因为当 $\lambda < 0$ 时,$x(t)$ 随着时间的推移

而趋向于零,所以必须使 $|1-h\lambda|>1$。即对于 λ < 0,系统稳定的条件是 $h\lambda$ 落在以(1, 0)为圆心的单位圆外,如图 8-4 所示。

此外我们直接给出三种多步法:显式 Adam、隐式 Adam、Gear 法的稳定域,如图 8-5 所示。

可以看出,相同精度的数值解法,隐式法的稳定域更大,因此计算能力较强的计算机仿真软件,多会选择隐式算法。

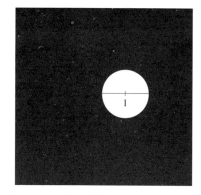

图 8-4　后退欧拉法的系统稳定条件

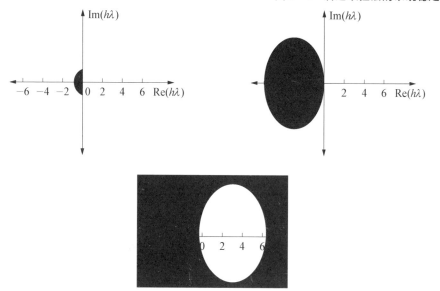

图 8-5　显式 Adam、隐式 Adam、Gear 法的稳定域

8.5　本章小结

本章介绍了热力系统中微分方程的特点和求解要求,同时对当前典型求解方法进行了阐述,将求解方法分成定步长和变步长两种,其中定步长方法中典型的单步长方法如欧拉法、梯形法和龙格-库塔法等,而多步长方法的典型方法为 Adam 法和 Gear 法等。变步长算法介绍了其主要思路并重点介绍了变步长龙格-库塔法。最后对于热力系统的各数值解法的收敛性和稳定性进行了对比分析。

参 考 文 献

[1] 周乃君,裴海灵,张家奇,等.转子发动机热力过程数学模型[J].中南大学学报(自然科学版),2008,39(2):284 – 289.

[2] 陈月明.关于理想气体准静态过程微分方程的探讨[J].安徽广播电视大学学报,1999,(4):88 – 90.

[3] 朱学莉,齐维贵,陆亚俊.热力站供热过程建模研究[J].哈尔滨建筑大学学报,2002,35(6):42 – 46.

[4] 李志青,冯永平,Li Z Q,等.一类小周期结构热力耦合问题的双尺度渐近分析[J].广州大学学报(自然科学版),2016,15(2):29 – 33.

[5] 祝楚恒,袁兆鼎.常微分方程数值积分的计算稳定性[J].计算数学,1980,2(1):77 – 89.

[6] 殷乃芳.几种数值方法对常微分方程及延迟微分方程的正则性[D].长沙:中南大学,2007.

[7] 马敏.一类延迟积分微分方程的数值稳定性分析[D].哈尔滨:哈尔滨工业大学,2004.

[8] 陈媛,吴晓琳,胡雪敏,等.求解常微分方程的函数逼近法[J].天津职业技术师范大学学报,2013,23(2):43 – 45.

[9] 陈诲敏.欧拉法与 Matlab 数值求解[J].武汉交通职业学院学报,2006,8(1):67 – 69.

[10] 李栋红.基于自适应梯形算法的一阶常微分方程数值解法[J].新余学院学报,2015,20(1):28 – 30.

[11] 刘欣,刘颖华,李海明.基于 MATLAB 的常微分方程数值解法综述及经济模型[J].港澳经济,2016,(24):19 – 19.

[12] 吴强,熊志刚.基于龙格-库塔方法的一阶微分方程组的初值问题[J].数学理论与应用,2006,(3):94 – 97.

[13] 李忠杰.常微分方程初值问题 RK 法和多步法[J].黑龙江科技信息,2010,(18):199 – 199.

[14] 孙耿.解 Stiff 常微分方程组初值问题的线性隐式方法[J].计算数学,1983,5(4):344 – 352.

[15] 聂藩.延迟积分微分方程的变步长 Runge-Kutta 方法[D].武汉:华中科技大学,2009.

[16] Hairer E, Norsett S P, et al. Solving ordinary, differential equations II. Stiff and Differential-Algebraic Problems [J]. Hairer E, Wanner G, Second Revised Edition, 2002,(2):137.

[17] E. Hairer, S. P. N φ rsett, G. Wanner. Solving ordinary differential equations I : Ninstiff problems:非刚性问题[M].影印版.北京:科学出版社,2006.

第4篇 实战应用篇

第9章 热力系统常见部件模块库开发实例

热力系统是一个复杂且庞大的系统,通常是由多个部件以及模块共同组成,以燃气轮机为例,包括了压气机、燃气轮机、燃烧室三大部件。本章针对热力系统的常见部件介绍了其模块的开发过程以及方法。

9.1 压气机模块

压气机是燃气轮机中三大部件之一,负责从周围大气吸入空气,并将空气压缩增压,然后连续不断地向燃烧室提供高压空气[1]。轴流式压气机是一种利用高速旋转的叶片给空气做功来提高空气压力的部件[2]。

9.1.1 压气机建模简介

对于压气机通常采用准稳态的建模方法,即采用基于压气机特性线建立相应的压气机模型。一般用压气机的压比、进口折合转速、进口折合流量及压气机的绝热压缩效率四个参数之间的函数关系式描述压气机的特性,只要知道其中的任意两个参数,就可以知道其他两个参数的值。

9.1.2 压气机模型接口

对于压气机的模型,其特性线的压比和折合转速两个参数作为已知量。因此,只要压气机的进口压力、进口温度、出口压力和转速给定,就能够确定压气机的运行状态。所以在压气机模块中,定义这四个量为输入变量;出于系统模型计算的考虑,定义 G_{in}、G_{out}、T_{out} 和消耗的功率 P_w 为输出量,如图 9-1 所示。

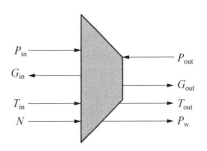

图 9-1 压气机输入、输出参数

9.1.3 压气机模型数学描述

在总体性能仿真计算中,压气机特性通常都以特性图或曲线的形式给出。以压比和折合转速为自变量,折合流量和效率可表达为如下的函数形式:

$$\frac{G_{in}\sqrt{T_{in}}}{P_{in}} = f_1\left(\frac{P_{out}}{P_{in}}, \frac{N}{\sqrt{T_{in}}}\right) \tag{9-1}$$

$$\eta_c = f_2\left(\frac{P_{out}}{P_{in}}, \frac{N}{\sqrt{T_{in}}}\right) \tag{9-2}$$

由此,便可以利用式(9-1)和式(9-2)求出相应的压气机绝热压缩效率和流经压气机的工质质量流量。

压气机消耗的功率为

$$P_w = G_{in}(H_{out} - H_{in}) \tag{9-3}$$

另外,我们知道,压气机在动态过程中的喘振现象是要尽量避免的。所以在压气模块中,加入喘振裕度的计算可有效地对其动态性能进行分析。喘振裕度的计算公式为

$$SM = \left(\frac{\pi_s/G_s}{\pi_0/G_0} - 1\right) \times 100\% \tag{9-4}$$

式中,π_s、G_s 是等折合转速对应的喘振边界上点的压比和流量;π_0、G_0 是等折合转速对应工作点上的压比和流量。在设计工况,系统稳定的喘振裕度一般为12%~20%。

9.2 燃烧室模块

空气经过压气机的压缩变为高温、高压气体,随后这些经压缩过的空气进入燃烧室。在燃烧室中,高温、高压气体和燃料混合后燃烧生成高温、高压的燃气,最终进入涡轮部件做功。燃烧室是将燃料的化学能转化为燃气内能的部件。

9.2.1 燃烧室建模简介

在燃烧室中,高温、高压气体和燃料混合后燃烧生成高温、高压的燃气,温度得到进一步提高[3]。因此燃烧室的进、出口具有较大的温差,建模过程中要考虑燃烧室的热惯性。建模时认为燃烧室的进口焓等于压气机的出口焓 H_2。因为压气机的出口温度 T_2 为压气机模块的输出,此处为已知,可以根据工质的热物性计算出

压气机出口处工质的焓值 H_2。将压气机出口处工质的焓值 H_2 作为燃烧室模块的一个输入参数,考虑燃烧室的热惯性,设燃烧室出口处燃气焓值 H_3 为状态量,根据质量守恒和能量守恒,可以得到求解 H_3 的微分方程。

在实际过程中,热量会从燃烧室壁导出,而且燃料也不可能完全燃烧,同时燃烧产物还会发生离解现象,由于上述种种原因,燃料的化学能不能完全利用。一般地,用燃烧效率 η_b 作为表征燃烧完全程度的物理量。

9.2.2　燃烧室模型接口

燃烧室模块的输入参数为进出口流量 G_1、G_2、燃料流量 GF、进口焓 H_1、燃料热值 HF、输出参数为出口压力 P、出口焓 H_2,如图 9-2 所示。

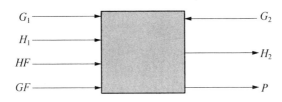

图 9-2　燃烧室模块输入、输出参数

9.2.3　燃烧室模型数学描述

燃烧室属于容积模块,是一种惯性模块。压缩空气和燃料在燃烧室燃烧生成高温燃气。考虑燃烧室的容积惯性,忽略燃烧室的热惯性,忽略流阻和热阻,假定燃烧室在动态过程中一直工作在火焰稳定区,根据质量和能量守恒原理,可得

$$\frac{dH_2}{dt_2} = K(GF \cdot HF \cdot \eta_b + G_1 H_1 - G_2 H_2 - \tag{9-5}$$
$$(H_2 - p \times 10^{-3}/\rho) \times (GF + G_1 - G_2))/\rho/V$$

$$\frac{dp_2}{dt_2} = \rho \times \frac{dH_2}{dt_2} \times (K-1) \times 10^3/k + R \times T_2 \times (GF + G_1 - G_2) \times \xi/V$$

$$\tag{9-6}$$

式中,H_1、H_2 为进出口焓;G_1、G_2 为进出口流量;GF、HF 为燃料流量和燃料热值;T_2 为燃烧室出口温度;η_b、ξ 为燃烧室效率和燃烧室总压损失系数;p 为压力;ρ 为燃气密度;R 为气体常数;V 为燃烧室体积。

9.3　涡轮机模块

从燃烧室中出来的高温、高压气体进入涡轮机,在其中膨胀做功,将燃气的内

能转化成其他形式的能量。燃气轮机的涡轮机是将工质的内能转化为转子的机械能的部件,其输出的轴功带动压气机和负载转动。

9.3.1 涡轮机模型简介

对于涡轮机模块的建模,同样采用准稳态的建模方法,即采用基于涡轮机特性线建立相应的涡轮机模型。与压气机的特性曲线相同,涡轮机的特性曲线也是用于描述涡轮机的折合流量、折合转速、涡轮机膨胀比以及涡轮机绝热效率 4 个参数之间的关系。只要知道其中的任意两个参数,就可以知道剩余两个参数的值。

9.3.2 涡轮机模型接口

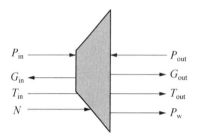

图9-3 涡轮机模块输入、输出参数

与压气机的模型接口类似,涡轮机的特性线的膨胀比和折合转速两个参数作为模型的已知量[4]。因此,只要涡轮机的进口压力、进口温度、出口压力和转速给定,就能够确定涡轮机的运行状态。所以在涡轮机模块中,定义这四个量为输入变量;出于系统模型计算的考虑,定义 G_{in}、G_{out}、T_{out} 和输出的功率 P_w 为输出量,如图 9-3 所示。

9.3.3 涡轮机模型数学描述

涡轮机模块与压气机模块有着类似的模型结构,折合流量和效率可表达为如下的函数形式:

$$\frac{G_{in}\sqrt{T_{in}}}{p_{in}} = f_3\left(\frac{p_{in}}{p_{out}}, \frac{N}{\sqrt{T_{in}}}\right) \tag{9-7}$$

$$\eta_t = f_4\left(\frac{p_{in}}{p_{out}}, \frac{N}{\sqrt{T_{in}}}\right) \tag{9-8}$$

同样,上述 4 个参数,只要确定其中任意 2 个,涡轮机的工作状态便确定了。在涡轮机模块中,只要知道了涡轮机膨胀比和折合转速两个参数,便可以利用式(9-7)和式(9-8)求出相应的涡轮机效率和流经涡轮机的工质质量流量。

涡轮机的输出功率为

$$P_w = G_{in} \times (H_{in} - H_{out}) \tag{9-9}$$

9.4　转子模块

转子是贯穿于整台燃气轮机的关键部件,它将出功部件(涡轮机)、耗功部件(压气机)以及其他一些部件连接在一起。

9.4.1　转子模块简介

转子模块的输入参数为出功部件的输出功率、耗功部件消耗的功率以及负载;其输出参数为转子的转速。耗功部件和负载消耗的功率要靠出功部件来提供,当输出的功率与压气机和负载消耗的功率之和相等时,整个系统便处于某个稳定工况[5]。

9.4.2　转子模型接口

模块的输入参量为作用在转轴上的各项功率,输出参量为状态变量 N,如图9-4所示。

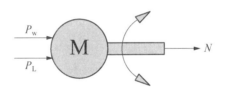

图 9-4　转子模块输入、输出参数

9.4.3　转子模型数学描述

在转子模块建模过程中,出功部件作为动力输出部件,其输出的功率传递给转轴;同样,转轴再将功率传递给耗功部件,转子模型需将转速作为一个与出功、耗功及负载有关的状态变量。

在此,转轴作为刚性轴处理,模块由描述转轴转动惯性的微分方程组成:

$$\frac{\mathrm{d}N}{\mathrm{d}t} = \frac{900}{N\pi^2 I}(P_w - P_L) \tag{9-10}$$

式中,N 为转速;I 为转动惯量;P_w 为涡轮发出功;P_L 为压气机耗功、负载耗功以及摩擦损失耗功。

9.5 容积模块

热力系统是一个复杂的流体网络,它的压力和流量之间存在着一定的耦合关系。对于不同的部件,如压气机和涡轮机,其质量流量需要满足一定的约束条件,所以它们的出口压力要受到下游部件流动过程的影响,而入口压力也会受到上游部件流动过程的影响,这种跨模块之间的相互联系,构成了所谓的网络依赖性,而在整个热力系统建模的过程中,如何处理这种流体网络特性便是关键。通常采用容积模块来连接各子模块子压力与流量之间的耦合关系。

9.5.1 容积模块简介

对于热力系统模块化模型的设计,关键是要根据系统综合的要求合理划分和设计模块,使每个子模块都具有典型性、独立性、通用性和可连续性。根据模块划分的原则,将热力系统具有一定控制容积的部件定义为容积模块,如管路连接段、燃烧室等[6, 7],这些模块的特点是具有一定的容积,但是在研究其动态特性时,它的进出口压差一般可以忽略不计,只需要关注由于其进出口流量的不平衡引起的容积中流体压力的变化,即容积惯性[8, 9]。

9.5.2 容积模块接口

容积模块代表的是具有一定容积的流动连接部分。在动态仿真中,一定体积的容积内,存在着进出口流量不平衡导致的压力变化,一般可忽略容积内流体同外界的传热及进出口的压差,用一个集总参数压力 p 表示容积中气体的平均压力,即 $p_{in} = p_{out} = p$,$H_{in} = H_{out}$。因此,容积模块的输入参数为进出口流量、进口流体温度,输出参数为压力,如图 9-5 所示。

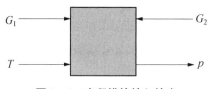

图 9-5　容积模块输入输出

9.5.3 容积模块数学描述

在动态仿真中,一定体积的容积内,存在着进出口流量不平衡导致的压力变化,一般可忽略容积内流体同外界的传热及进出口的压差[10, 11],用一个集中参数

压力 p 表示容积中气体的平均压力。由质量流量守恒条件,得如下压力流量微分方程:

$$\frac{\mathrm{d}p}{\mathrm{d}t} = \frac{RT}{V}(G_1 - G_2) \tag{9-11}$$

9.6　气化炉模块

气化炉是煤化工的关键设备,主要作用是将煤粉转化成合成气。煤粉或者煤浆与氧气(干煤粉还需要添加蒸汽)在气化炉内进行氧化、还原气化反应,在高温状态下,煤中的灰分变成液态的渣流出气化炉,通过灰渣系统排出炉外,煤中的碳经过不完全燃烧,氧化、还原成合成气。

9.6.1　气化炉模块简介

在气化炉中反应物(煤粉、氧气和水蒸气等)以很高的速度通过多个同心管组成的燃烧器喷入,在喷管出口处彼此混合反应,煤粉迅速挥发析出挥发份,由于炉内温度很高,挥发份发生热裂解反应,氧气被挥发份和部分焦炭的氧化消耗殆尽[12]。所产生的反应热维持后来的焦炭与蒸汽及二氧化碳的气化反应和使气化反应维持在某一特定的温度下进行。反应产物是粗煤气,被除灰后的煤气掺混淬冷,进入煤气辐射换热器。气化炉周围壁衬有耐火炉衬,以保证气化炉工作在 1 600℃左右的温度下,耐火炉衬外面布有膜式水冷壁,再外面是隔热材料和承压钢桶,以保证气化炉工作在 3 MPa 左右的压力下。由以上过程可以看出,气化炉是一个煤气反应器和一个有多层热阻的热交换器的结合体,因此在建立气化炉模型时可以运用常规的方法把气化炉拆分为一个化学反应过程和一个热交换过程。同时,由于渣层模型既牵涉气化炉的质量守恒过程,同时又影响气化炉的能量守恒方程,故渣层模型的建立是气化炉模型中关键的一环。因此,对于气化炉中煤气化过程的建模,主要包括三个方面的建模,即气化炉组分平衡、气化炉能量平衡以及渣层的能量平衡[13]。

9.6.2　气化炉模块接口

气化炉主要是用于煤的气化,因此其输入参数即为气化炉煤的组分、流量、温度、压力以及空气的组分、流量、温度参数等。模型的输出参数为气化后合成气的组分、温度、压力以及流量参数[14],如图 9-6 所示。

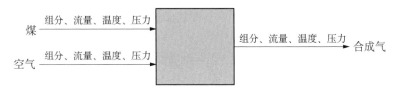

图 9 - 6　气化炉模块输入、输出接口

9.6.3　气化炉模块数学描述

气化炉模块的数学模型主要包括煤气化过程中的组分守恒方程、能量守恒仿真以及渣层的平衡方程三个部分。

1) 煤气化组分平衡

模型假定氧气完全反应,即碳氧反应为不可逆反应。硫完全进入气相。由此可以确定如下三个独立反应:

布杜阿尔反应　$C + CO_2 \leftrightarrow 2CO$

蒸汽与碳反应　$C + H_2O \leftrightarrow CO + H_2$

甲烷反应　$C + 2H_2 \leftrightarrow CH_4$

对于上述三个反应,可以得到其化学平衡反应关系:

$$K_B = \frac{p_{CO}^2}{p_{CO_2}}$$

$$K_{SC} = \frac{p_{CO} \cdot p_{H_2}}{p_{H_2O}} \tag{9-12}$$

$$K_M = \frac{p_{CH_4}}{p_{H_2}^2}$$

平衡常数与温度的关系可以用下式表示:

$$K_B = -8\,887/T + 1.458\,3\ln T - 0.000\,651\,87T + 0.000\,000\,029\,187T^2 + 5.415\,7$$

$$K_{SC} = -6\,624.49/T + 2.180\,2\ln T - 0.000\,492\,84T + 0.000\,000\,012\,487T^2 + 0.982\,9$$

$$K_M = 3\,259.8/T - 5.822\,2\ln T + 0.001\,3T - 0.000\,000\,107\,17T^2 + 11.986\,5$$

$$\tag{9-13}$$

2) 煤气化能量平衡

$$\sum_l^L m_l \Delta H_{f,\,\text{feed},\,298}^0 + \sum_l^L m_l H_{\text{feed}}(T_{\text{feed},\,l}) = \sum_i^N n_i \Delta H_{f,\,\text{drain},\,298}^0 + \sum_i^N n_i H_{\text{drain}}(T) + Q_{\text{loss}}$$

$$\tag{9-14}$$

其中，

$$\Delta H_{f, \text{coal}, 298}^0 = HHV - (327.63C_{\text{ar}} + 1\,417.92H_{\text{ar}} + 92.57S_{\text{ar}} + 158.67M_{\text{ar}})$$

上式基于收到基，为基于燃烧热的标准生成焓相关式，假定燃烧产物为 CO_2、H_2O 和 SO_2。

而煤的高热值采用 Boie 相关式计算：

$$HHV = 351.7C + 1\,162.4H + 104.6S + 62.8N - 110.9O - 439.6 \quad 干基$$

$$(9-15)$$

3）煤气化渣层动态平衡

这里选择的对象为 Shell 干粉式气化炉，由于该气化炉的结构形式接近圆柱体，因此为建模方便，将其简化为圆柱体，并认为在圆周上变量均匀分布。

图 9-7 为气化炉简化示意图。模型从结构上主要分为气体、渣层和壁面三部分。为计算方便，该模型做了如下假设：

（1）由气体成分模型和渣层模型组成，均采用集总参数建模。

（2）气体反应很快，认为达到准稳态。

（3）只有渣层蓄积能量，热效应使渣层厚度变化。

（4）渣层温度沿厚度方向线性变化。

（5）渣层按牛顿流体处理，低于临界温度认为不流动。

图 9-8 所示为渣层模型示意图。其中 T_{CV} 为临界温度，即固态和液态渣层的分界。

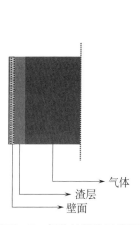

图 9-7　气化炉简化示意图

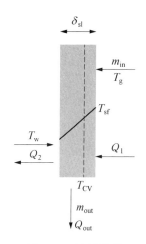

图 9-8　渣层模型

根据质量平衡有

$$\frac{d\delta_{sl}}{dt} = \frac{m_{in} - m_{out}}{A\rho_{sl}} \tag{9-16}$$

根据能量平衡有

$$\rho C p \frac{d(T \cdot \delta)}{dt} = Q_1 - Q_2 + \frac{m_{in} C p T_g - Q_{out}}{A}$$

$$0.5\rho_{sl} C p_{sl} \delta_{sl} \frac{dT_{sf}}{dt} = Q_1 - Q_2 + \tag{9-17}$$

$$\frac{m_{in} C p_{sl} T_g - (m_{in} - m_{out}) C p_{sl} (T_{sf} + T_w)/2 - Q_{out}}{A}$$

再根据牛顿流体假设有

$$\frac{d}{dx}\left(\eta \frac{dv}{dx}\right) = -\rho g \tag{9-18}$$

而 $\eta(x) = \eta(0)\exp\left(-\frac{\alpha x}{\delta_1}\right)$，$\alpha = -\ln\frac{\eta(\delta_1)}{\eta(0)}$，$\eta = 2.59E - 5\exp\left(\frac{29\,095}{T}\right)$

由上述两式积分可以得到渣层速度和流量分别为

$$v = \frac{\rho g \delta_1^2}{\eta(0)}\left[e^{\alpha}\left(\frac{1}{\alpha} - \frac{1}{\alpha^2}\right) - e^{\frac{\alpha x}{\delta_1}}\left(\frac{x}{\alpha\delta_1} - \frac{1}{\alpha^2}\right)\right] \tag{9-19}$$

$$m_{out} = \frac{\pi D \rho^2 g \delta_1^3}{\eta(0)}\left[e^{\alpha}\left(\frac{1}{\alpha} - \frac{2}{\alpha^2} + \frac{2}{\alpha^3}\right) - \frac{2}{\alpha^3}\right] \tag{9-20}$$

对于集总渣层法对气化炉进行仿真的过程中,模型的主要动态特性和热惯性都表现在渣层模型中,而对气化炉内部的反应采取了集总参数法处理,忽略了气化炉内部的煤气化反应过程及组分和温度分布特性,所以其对于气化炉内部反应的模拟能力比较弱,只能得出一个集总的输出参数。

9.7 阀门模块

阀门是控制管道流量的设备,它通过改变阀门的开口面积来控制流量。在不同的阀门开度情况下将会流经不同流量的流体。

9.7.1 阀门模块简介

按照阀门开度比和阀门流量比的关系,阀门可以分成三类:快速开启型、线性型和等百分比型阀门。对于阀门模型的建立,通常将阀门流动过程视为绝热、等焓的过程,并把它作为流动阻力环节来处理。

9.7.2　阀门模块接口

阀门模块的输入参数为阀门进出口压力 p_1、p_2，阀门位置百分比 Y，输出参数阀门流量 G，如图 9-9 所示。

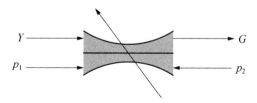

图 9-9　阀门模块输入、输出参数

9.7.3　阀门模块数学描述

流经阀门的流量可通过如下所示的公式进行计算。

$$G = C(Y) \sqrt{\rho(p_1 - p_2)} \tag{9-21}$$

式中，G 为流过阀门的流量；ρ、p_1、p_2 为流过阀门流体密度、进口压力和出口压力；C、Y 为阀门流量系数和阀门的位置百分比。其中 C 是 Y 的函数，根据这种函数关系阀门大致分为以下三种：

$$C(Y) = \begin{cases} YC_{max}, & \text{线性关系型} \\ Y^3, & \text{等百分比流量型} \\ [1 - \exp(-10Y)]C_{max}, & \text{快速开启型} \end{cases} \tag{9-22}$$

$$C_{max} = \frac{G_r}{\sqrt{\rho(p_{r1} - p_{r2})}} \tag{9-23}$$

式中，C_{max}、G_r、p_{r1}、p_{r2} 分别为最大流量系数、参考流量、参考入口压力和出口压力。

9.8　本章小结

本章基于前面介绍的模块化建模技术以及热力系统基于守恒定律的动态模型建立方法，分别列举了几种常见的热力系统模块的建模方法，包括压气机模块、燃烧室模块、涡轮机模块、转子模块、容积模块、气化炉模块以及阀门模块。针对每个模块分别从模块功能、模块接口以及模块的数学描述三个方面进行详细的介绍。

参 考 文 献

［1］ 刘尚明,李忠义. 基于 SIMULINK 的单轴重型燃气轮机建模与仿真研究［J］. 燃气轮机技术,2009,(3)：37－49.

［2］ 朱行健,王雪瑜. 燃气轮机工作原理及性能［M］. 北京：科学出版社,1992.

［3］ 萨仁高娃. 燃气轮机干式低 NOx 燃烧室的性能数值模拟分析［D］. 内蒙古：内蒙古工业大学,2006.

［4］ 张会生,刘永文,苏明. 燃气轮机速度调节过程的仿真研究［J］. 计算机仿真,2002,(1)：79－81.

［5］ 乐增孟. 燃气轮机电厂要重视天然气的处理问题［J］. 燃气轮机技术,2003,(2)：52＋30.

［6］ 贾省伟. 舰船双轴燃气轮机性能仿真［D］. 武汉：华中科技大学,2006.

［7］ 刘冰,彭淑宏. 某重型燃气轮机动态建模及性能仿真研究［J］. 计算机仿真,2012,29(9)：335－338.

［8］ 崔凝,王兵树. 变几何多级轴流压气机全工况性能预测模型［J］. 热能动力工程,2007,(5)：856－861.

［9］ Wang Y. A new method of prediction the performance of gas turbine engines［J］. ASME Journal of Engineering for Gas Turbines and Power, 1991, 1991(113)：106－111.

［10］ Kim J H, Song T W, Kim T S. Model development and simulation of transient behavior of heavy duty gas turbines［J］. Journal of Engineering for Gas Turbines and Power,2001,123(10)：589－594.

［11］ Hossein A, Ahmadreza A, Mehdi R. Surveying the control loops of the V94.2 gas turbine［J］. World Applied Sciences Journal,2011,15(10)：1435－1441.

［12］ 韩志明,李政,倪维斗. Shell 气化炉的动态建模和仿真［J］. 清华大学学报（自然科学版）,1999,(3)：111－114.

［13］ 唐凯锋,张会生,翁史烈. 基于渣层法的改进型 shell 气化炉动态建模与仿真研究［J］. 动力工程学报,2012,32(12)：979－983.

［14］ 唐凯锋. 基于 Shell 气化炉的煤基多联产（IGCC）系统建模与仿真［D］. 上海：上海交通大学,2013.

第10章 常见热力系统建模与仿真实例

本章以整体煤气化联合循环、燃料电池-燃气轮机混合装置、湿空气涡轮机循环、能源互联网系统四种复杂热力系统为例,采用之前章节的建模与仿真技术,演示如何对复杂热力系统进行建模与仿真。

10.1 整体煤气化联合循环系统仿真

整体煤气化联合循环(integrated gasification combined cycle,IGCC)主要由气化炉、燃气轮机、蒸汽轮机和余热锅炉四大部分,以及气体净化和空分装置等组成。其中气化炉部分为燃气轮机系统提供燃料,通过煤粉与氧气和蒸汽在气化炉中气化,产生粗煤气,被已经过净化的洁净煤气激冷,再经过辐射换热器和对流换热器回收显热,再经过净化进入燃气轮机燃烧室燃烧,燃气再进入涡轮膨胀做功,膨胀后的高温废气进入余热锅炉换热,所产生的蒸汽再进入蒸汽轮机做功[1]。其系统如图 10-1 所示。

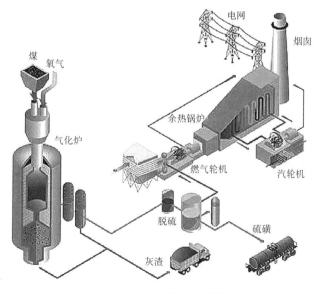

图 10-1 IGCC 系统示意图

基于前一章节介绍的部件模块库和图 10-1 显示的各部件之间的关系图,我们在 EASY5 仿真平台建立了 IGCC 仿真系统,其结构如图 10-2 所示。图中 IGCC 系统主要由气化炉、燃气轮机、蒸汽轮机和余热锅炉四部分组成[2]。

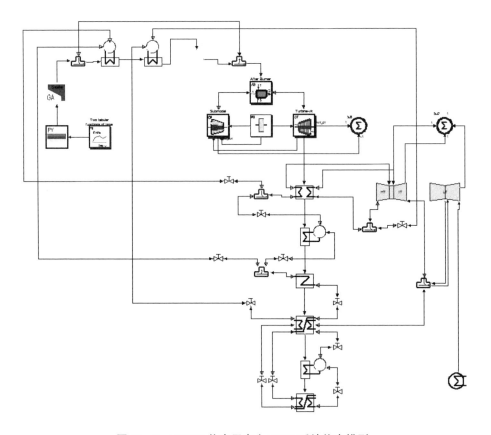

图 10-2 EASY5 仿真平台上 IGCC 系统仿真模型

针对系统进行动态分析,改变气化炉进口煤量,在 100 s 末将煤的流量由 28.885 4 kg/s 增加为 29 kg/s,通过建立图 10-2 所示的 IGCC 仿真模型观察主要物理量的变化情况。

图 10-3 和图 10-4 所示为气化炉中物理量的响应情况,分别为渣层表面温度和气体温度的响应。这些结果可看出在输入燃料量变化的情况下,其对气化炉中温度特性的影响情况。

图 10-5~图 10-7 所示为燃气轮机中各物理量的响应情况,分别为涡轮进口温度、涡轮排气温度和燃气轮机输出功率的响应。由于输入煤量增加,进入系统的能量上升,由此可以看出涡轮进口温度和排气温度均小幅上升,因此燃气轮机输出

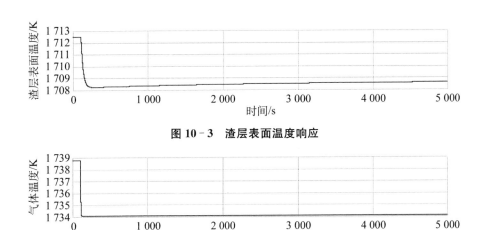

图 10 - 3　渣层表面温度响应

图 10 - 4　气体温度响应

功率也上升。

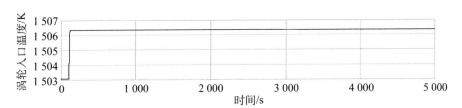

图 10 - 5　涡轮进口温度响应

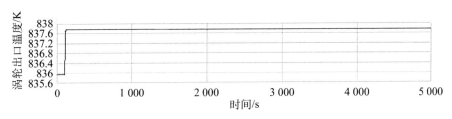

图 10 - 6　涡轮排气温度响应

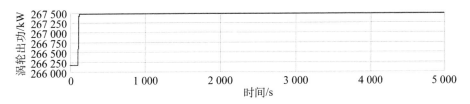

图 10 - 7　燃气轮机输出功率响应

图 10 - 8～图 10 - 11 所示为汽水系统的各主要变量的响应情况,分别为高压蒸汽、中压蒸汽、低压蒸汽和蒸汽轮机输出功率的响应。由图中可以看出,高压蒸

汽压力上升,中压蒸汽压力上升,而低压蒸汽压力也上升。而由前面涡轮排气温度上升可知,进入余热锅炉的能量也增加,因此蒸汽轮机的输出功率也上升。

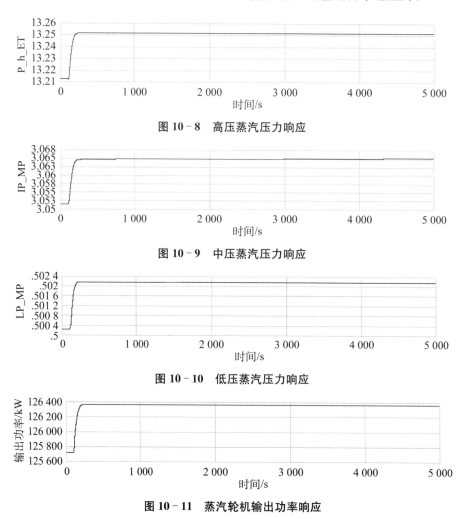

图 10-8　高压蒸汽压力响应

图 10-9　中压蒸汽压力响应

图 10-10　低压蒸汽压力响应

图 10-11　蒸汽轮机输出功率响应

由仿真结果可以看出由于气化炉的热惯性导致在 IGCC 系统仿真时燃气轮机对阶跃的响应速度也有一定延迟,这也比较符合实际情况。

10.2　燃料电池-燃气轮机混合装置仿真

燃料电池的排气有很高的余热利用价值,微型燃气轮机排放低、结构紧凑,但发电效率较低。将二者结合组成的混合装置具有高效、环境友好、低成本、独立供电的特点。

10.2.1　系统介绍

在混合动力系统中,高温燃料电池和燃气轮机有很多布置形式,不同的布置形式对系统的性能有很大的影响,因此选择合理的布置形式很有必要。SOFC-GT(solid oxide fuel cell-gas turbine)系统在分布式发电功能系统有良好前景[3]。分布式发电市场可分为 1~10 kW 的家居市场、50~100 kW 的商用市场、1~20 MW 的工业市场。预计在未来二十年,SOFC 将在中等电站(1~10 MW)扮演主要角色[4, 5]。

对于中小型分布式发电系统,一个重要设计目标是紧凑、不能占用太大空间[5]。但是我们知道由于固体氧化物燃料电池工作温度很高,进入燃料电池的燃料和空气都需要进行预加热到足够温度,传统的处理方式是通过换热器,但是换热器一般比较昂贵以及占用较大空间,此外还存在很大的热惯性。如果去掉换热器,改用混合器,将阳极排气和阴极排气分别抽取一部分与进口混合提高燃料和空气的进口温度,从而构成阳极循环和阴极循环,这样可以减少换热器的使用,节省投资和空间。此外本案例还通过将重整器和换热器结合在一起,构成重整换热器,进一步减少换热器,改善系统的性能。

10.2.2　系统仿真模型建立

图 10-12 所示为一典型设计的 SOFC-GT 混合装置系统的结构图。该系统由重整换热器(heat exchanger reformer,HER)、直接内重整固体氧化物燃料电池

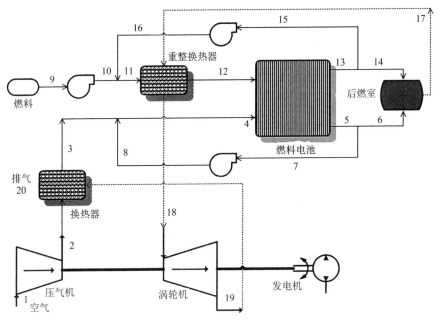

图 10-12　SOFC-GT 混合装置结构图

（direct internal reforming-solid oxide fuel cell，DIR - SOFC）、后燃室（afterburner）、换热器（heat exchanger，HE）、风机、压气机（compressor）、涡轮（turbine）和发电机（generator）组成。

燃料首先加压，然后与富含水蒸气的阳极循环流混合，这样一方面提高燃料温度，另一方面提供重整所需的水蒸气。混合流进入换热重整器，利用从后燃室排出的高温燃气中的废热进行重整制氢，并进一步提高温度，重整后燃料流进入燃料电池阳极进行电化学反应。空气经压气机加压进入换热器，与涡轮排气进行换热，提高温度后再与阴极循环流混合，进一步提高温度，再进入燃料电池阴极参与电化学反应。燃料电池阴极排气和阳极排气分别有一部分进行循环，剩余部分还含有少量燃料，进入后燃室进行燃烧反应，燃料耗尽转化为热能。从后燃室排出的高温燃气首先进入换热重整器，为重整反应提供热流，再进入涡轮膨胀做功，由于微型燃机压比较小，因此温降较小，涡轮出口燃气还含有很高显热，需要进一步进入换热器加热空气，回收一部分显热，可以提高系统效率。

10.2.3 仿真结果分析

燃料电池燃气轮机混合装置不可能永远工作在额定工况下，当系统发生部件性能衰退、负荷波动或环境条件改变时，混合系统的工作状态会动态变化，严格来说，系统的工作状态一直在发生变化，只是变化幅度很小。系统的动态变化性能是评价一个系统的重要指标，其对于系统的安全高效运行有着十分重要的意义。

本节的动态仿真条件是，系统在额定工况下稳定工作，在 500 秒末进口燃料流量发生阶跃减小 5%，观察分析了系统的动态响应。为了便于分析，通过调节燃料进口流量，控制燃料利用率恒定为 75%。同时保持阳极和阴极循环流量不变和燃气轮机转速不变。以下是燃料流量减小 5% 后系统主要参数的动态响应结果，如图 10 - 13～图 10 - 15 所示。

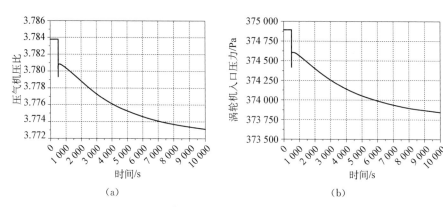

（a）　　　　　　　　　　　　　（b）

图 10 - 13　压气机压比和涡轮进口压力的动态响应

（a）压气机压比；（b）涡轮进口压力

图 10 - 13(a)(b)分别为压气机压比和涡轮进口压力的动态响应。由图 10 - 13(b)可知,当燃料流量减小 5% 后,涡轮进口压力减小,而压气机压比也跟着减小,二者变化趋势基本一致。

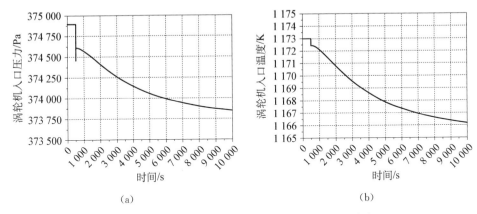

(a)　　　　　　　　　　　　　　(b)

图 10 - 14　燃烧室温度和涡轮进口温度的动态响应

(a) 燃烧室温度;(b) 涡轮进口温度

图 10 - 14(a)(b)分别为燃烧室温度和涡轮进口温度的动态响应。由图可以看出,当燃料量减小 5% 后,燃烧室温度降低约 13 K,而涡轮进口温度降低约 8 K。比较两图还可以看出,燃烧室温度的响应速度要快于涡轮进口温度,这是由于从燃烧室排出的燃气先要进入换热重整器的热流通道为重整提供热量,然后进入涡轮做功,而换热重整器具有很大的惯性,因此涡轮进口温度的变化速度小于燃烧室温度。

图 10 - 15(a)~(d)分别为阳极进口、阳极出口、阴极进口和阴极出口的温度动态响应过程。由图可以看出当燃料流量减小 5%,由于阳极循环流量保持不变,所以阳极进口温度开始会增大,当由于阳极出口温度逐渐降低[见图 10 - 15(b)],进口温度也开始逐渐降低。空气流量的变化趋势与燃料流量相反,逐渐增大,但阴极

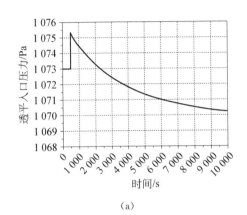

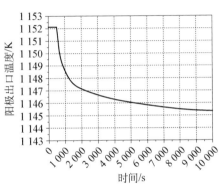

(a)　　　　　　　　　　　　　　(b)

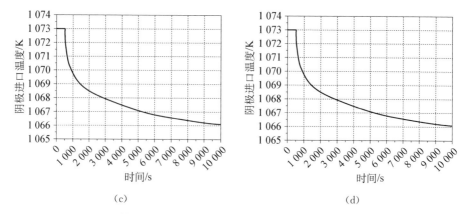

图 10 - 15　阳极和阴极进出口温度的动态响应

(a) 阳极进口;(b) 阳极出口;(c) 阴极进口;(d) 阴极出口

循环流量也保持不变,因此阴极进口温度逐渐减小,而阴极出口温度也随之逐渐减小,进出口温度变化量基本一致。

10.3　湿空气涡轮机循环系统仿真

湿空气涡轮机(humid air turbine,HAT)循环系统是建立在中冷回热燃气轮机的基础上,利用现有成熟的部件技术,以较低的单位造价实现高效率、高比功、低污染,并具有良好的变工况性能,因而引起了广泛的重视,HAT 被誉为 21 世纪极有发展前途的热力循环系统[6]。

10.3.1　系统介绍

目前广泛使用的且得到认可的 HAT 循环系统流程如图 10 - 16 所示。在低压压气机和高压压气机之间增设中冷器,高压压气机之后增设后冷器,回热器之后增设经济器,而后冷器和回热器之间增设饱和器。空气经低压压气机 1、中冷器 8、高压压气机 2、后冷器 7 后进入饱和器 6 底部,补充水在中冷器 8、后冷器 7、热水器 5 中加热升温后混合并从饱和器顶部喷射进入系统。在饱和器中,空气和水逆流接触,水分蒸发,使得高压空气的温度和含湿量都升高,成为空气和水

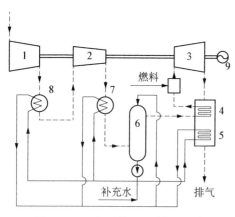

图 10 - 16　典型的 HAT 循环系统

蒸气的混合物。随后,从饱和器出来的高含湿量的湿空气(含 10%～40%蒸汽)经回热器 4 加热升温后,进入燃烧室,与燃料燃烧加热,生成的高温高湿燃气在涡轮机 3 中膨胀做功,涡轮机 3 排气经回热器和经济器降温后排入大气,完成一个工作流程。

HAT 循环采用了两相、多组分的混合工质,兼有间冷、后冷、回热等过程,很好地体现了总能系统的能量梯级利用原则。其研究经历了循环分析、关键技术研发等过程,目前正在向微小型系统的原型实验、示范验证迈进。截至目前,隆德理工学院、日本日立公司、上海交通大学等已相继建成了相应的微小型 HAT 循环原型试验机组,验证了 HAT 循环在热力性能及排放方面的优势,展现了 HAT 循环系统的良好发展前景[7,8]。这里将以某 HAT 循环分轴燃气轮机实验台为对象,通过性能仿真的手段,开展 HAT 循环系统方案设计及优化研究。

10.3.2　系统建模与仿真

首先进行稳态性能仿真,根据升工况阶段末期,即加湿工况之前的稳定状态做稳态性能分析。由于此时饱和器没有介入工作,其工作状态是一个分轴燃气轮机简单循环,利用稳态模型对其进行求解,从而获取系统各部件的主要性能参数。系统性能参数如图 10 - 17 所示。

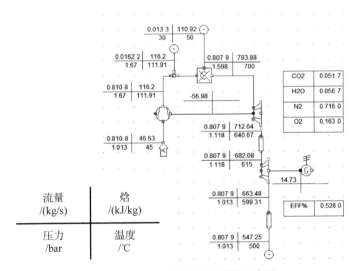

图 10 - 17　HAT 循环稳态模型示意图

对系统性能做热力分析可知,此时两个涡轮机的总膨胀比为 1.577。考虑图 10 - 17 中的烟气组分,当涡轮机进行理想绝热膨胀时,温降应该为 103.01 K。通常情况下,涡轮机的等熵效率小于 100%,温降应小于该值。由图 10 - 18 中的实验结果可知,实际膨胀温降为 200 K,说明涡轮机存在散热损失。根据文献[9]的假设,认为此时高压涡轮机和动力涡轮机均为 73%,可初步推算出各节点的热力参数与各部件的效率及相对应的热量、功率损失。图中左侧为压气机,进口温度 318 K,考虑压气机出口 2% 的漏气损失,此时压气机压比 1.648 6,流量 0.818 kg/s,部件效率 72%,出口温度 384.91 K。燃烧室采用低位发热量为 42 700 MJ/kg 的柴油作为燃料,燃烧效率 95%,燃烧室压损 4%,出口温度 973 K。高压涡轮机经计算,考虑 30.35% 的热量损失,其压比 1.429 3,流量 0.807 9 kg/s,部件效率 73%,此时出口温度为测量值 888 K。对于动力涡轮机,同样考虑 86.34% 热量和齿轮箱导致的功率损失总和,其压比 1.103 7,流量 0.807 9,效率 73%。

将上述结果作为动态仿真的初始条件,利用 EASY5 平台对 HAT 循环系统进行动态建模,其系统界面如图 10-18 所示。

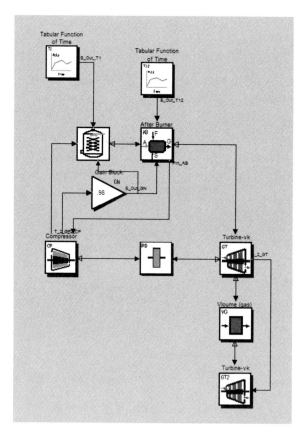

图 10-18 基于 EASY5 的 HAT 循环动态模型示意图

10.3.3 仿真结果分析

对上述系统进行仿真,此时系统给油量为 0.013 3 kg/s,假设在第 50 秒时饱和器切入工作，并在第 1 600 秒开始的 300 秒内逐渐提高油量至 0.015 8 kg/s，观察系统重要参数的动态变化规律。其中压力的变化规律如图 10-19 所示，温度的变化规律如图 10-20 所示。

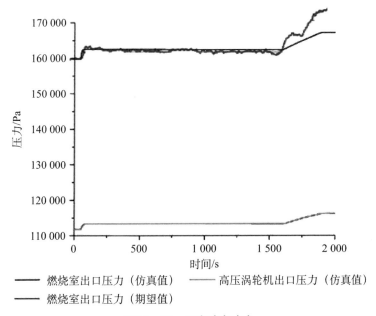

图 10-19　压力动态响应

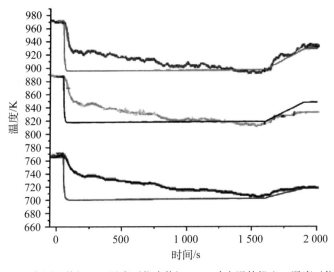

图 10-20　温度动态响应

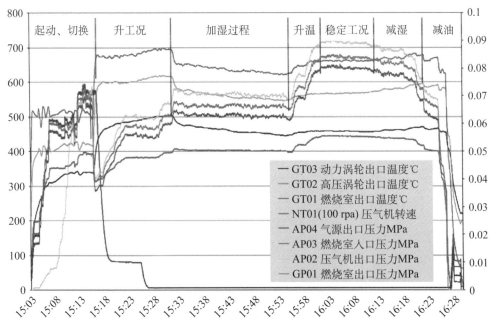

图 10 - 21　HAT 循环实验台实验结果

图 10 - 21 给出了实验台的等油量试验运行特性。如上文分析,随着饱和器的切入,进入燃烧室的湿空气流量增加,尽管温度降低,燃烧室内的压力依然增加,该段时间内压力的提高约为 3 715 Pa,与实验结果的趋势相同。需要说明的是该结论与加湿量相关,由于该系统不带回热装置,若饱和器内的温度损失较大而加湿量有限时,会使得燃烧室内的压力下降。之后随着燃料量的增加,燃烧室的压力也增大,此规律是与传统燃气轮机简单循环相同的,但由于本模型考虑的涡轮机特性是根据工业重型燃机的特性缩小而来,与实际系统有一定区别,因此压力的变化规律小于实验结果。此外,高压涡轮机的出口压力的变化规律与燃烧室基本相同。总体来说,压力的变化趋势与实验数据基本一致。

观察温度动态响应可得,随着饱和器的切入,进入燃烧室的空气温度下降,湿度增加,引起饱和器温度骤降,该温差为 63.2 K。之后随着饱和器工作状态的逐渐稳定,温度也开始稳定。加湿阶段温度仿真结果的变化规律要快于实验结果,这是由于实验系统中燃烧室的热惯性更大,此外模型没有考虑加湿后燃烧室的燃烧效率和散热损失的变化,导致模型计算的动态响应更快。随着油量的增加,燃烧室的温度也相应增加,该规律与燃气轮机简单循环相同。由分析可知,对温度参数的计算可以满足 HAT 循环仿真的要求。

需要说明的是,该实验在加湿过程开始时,系统功率依然在上升,因此此时系统并不是一个完全稳定的状态。仿真过程将其假定为一个稳定状态处理,以保证在加湿过程开始时,系统的压力和温度等核心参数都与实验测量结果相吻合。此外实验台涡轮机温降过大、出功过低,这可能是由于散热和齿轮箱损失等多个原因造成,在建模过程中也只能进行相应的假设。因此本节主要验证上述参数变化的规律和幅度,不讨论系统功率的变化。

与常规的热力循环系统相比,HAT 循环系统具有以下优点[10]:

(1)由于工质中水蒸气的加入,增大了涡轮机的流量,而且蒸汽本身具有做功能力强的特点,所以 HAT 循环的比功得到了极大的提高。

(2)在 HAT 循环中有各种余热回收设备,高低品位的热能都能被有效梯级利用参与循环做功,而且在各换热器中冷热侧的工质都不发生相变,平均传热温差较低,能更大限度地回收热能,从而提高循环的效率。

(3)由于湿空气在涡轮机中做功,与常规的燃气-蒸汽联合循环相比,省去了后续的蒸汽轮机及其辅助系统,所以能极大地降低设备成本。

(4)在 HAT 循环的燃烧室内湿空气会与燃料燃烧,虽然可能要求改进燃烧室结构以适应这种大湿度燃烧,但燃烧产物中 NO_x 的含量会大大降低。

(5)系统变工况性能良好,在系统变负荷运行时,可以通过改变湿空气的绝对含湿量进而达到改变系统做功能力的目的。

(6)空气的湿化在饱和器内完成,从而提高传热传质的效率。

(7)具有较强的应用拓展能力,如 HAT 循环的热电联供、HAT 循环与开式吸收式热泵相结合用于潜热和水回收、与煤气化技术集成的 IGHAT、高温燃料电池与 HAT 组成的混合循环等。

10.4　能源互联网系统仿真

能源互联网是综合运用先进的电力电子技术、信息技术和智能管理技术,将大量由分布式能量采集装置、分布式能量储存装置和各种类型负载构成的新型电力网络、石油网络、天然气网络等能源节点互联起来,以实现能量双向流动的能量对等交换与共享网络。

10.4.1　系统介绍

近年来,随着我国的环境问题越来越突出,现有的能源供应模式弊端逐渐显现,高污染和低效率的供能现状倒逼能源领域进行供给侧改革。国家能源局在2016 年发布《关于推进"互联网+"智慧能源发展的指导意见》,意见指出要推动互联网理念、先进信息技术与能源产业的深度融合,打造未来支撑我国能源革命的新型能源互联网体系[11]。从供给侧的角度,重点是要建设以智能电网为基础,与热力管网、天然气管网等多种类型网络互联互通，多种能源形态协同转化、集中式与分布式能源协调运行的综合能源网络。相对于传统的各功能系统单独规划、单独设计和独立运行的模式，能源互联网能够将电力、燃气、供热/供冷等能源环节与信息支撑系统有机融合，通过该系统内多种能源（传统能源/可再生能源、冷/热/电/气等）之间的科学调度，实现能源高效利用，提高社会供能可靠性和安全性[12]。

能源互联网自提出以来，获得了学界和工业界的普遍肯定，从概念设计、研究框架和技术路线等进行了深入的分析。由于侧重点和行业背景的差异化，国内外不同专家对能源互联网概念的解释存在一定差异，如美国提出的 FREEDOM 系统，德国的 E-Energy 计划和我国的互联网＋智能能源等，但其基本理念都包含三个方面，能源（多种能源耦合）＋互联（互联网的框架）＋网（多能源主体广泛参与）[13]，典型的能源互联网架构设想如图 10-22 所示。

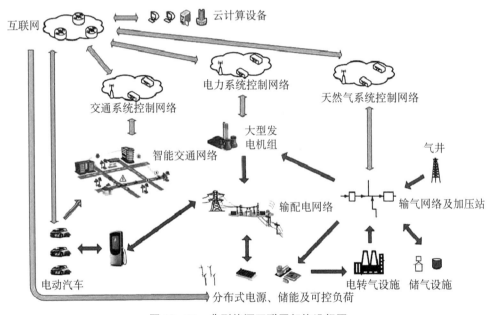

图 10-22　典型能源互联网架构设想图

能源互联网是旨在解决当前能源供应问题的一个十分具有前景的设想，主要包括如下构成元素：

（1）可再生能源。以化石能源为主的生产模式向可再生能源为主的生产模式转型。

（2）分布式发电与储能。遍布全世界的微能源生产工厂和分布式储能系统，就地收集和存储可再生能源。

（3）能源互联。用互联网技术将各国家或地区的能源网转化为能源共享的互联网络。

（4）即插即用。能源的双向传输,生产和消费的能源可以通过国家或地区之间共享的能源交易网平台进行买卖。

10.4.2　基于能量枢纽的系统模型

能源互联网涉及多种能源类型互相耦合的问题,建模过程中相较于单一能源类型而言更加复杂,当前能源互联网比较典型的是能量枢纽模型(energy hub)。

能量枢纽系统一般包括能量生产、转换、存储和传输过程。能量枢纽的输入一般包含多种能量类型,如电力、天然气和热能等。输入的能量在能量枢纽中被传输、转换和存储。电力的传输可包含电压的变化或能量的耗损。天然气可用于发电和产生热能(如 CHP、CCHP 等)。区域冷热管网可用于发电或相互转化等,例如吸收式制冷机可利用热能来满足冷却能量需求等[14]。典型的能量枢纽如图 10-23所示。

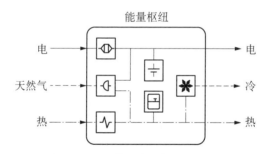

图 10-23　典型能量枢纽结构图

能量枢纽的建模包含三个部分:能量转化、存储和网络传输,下面分别进行建模。

1）能量转化设备

能量转换设备包括燃气轮机、内燃机、溴化锂吸收式制冷机、热泵、电制冷机等。该类设备用于不同能量形式之间的转化,如电转热、热转冷等,仅涉及转换效率,因此可以对该类装置统一采用统一形式的建模。

$$L_\beta = c_{\alpha\beta} P_\alpha \tag{10-1}$$

式中,P_α 为 α 类输入能量功率;L_β 为 β 类输出能量功率;$c_{\alpha\beta}$ 为设备在不同能源类型之间的转化效率。

在多种能源互相转化的情况下,上式可进行一定的推广成为矩阵形式:

$$\begin{bmatrix} L_\alpha \\ L_\beta \\ \vdots \\ L_w \end{bmatrix} = \begin{bmatrix} C_{\alpha\alpha} C_{\beta\alpha} \cdots C_{\omega\alpha} \\ C_{\alpha\beta} C_{\beta\beta} \cdots C_{\omega\beta} \\ \vdots \\ C_{\alpha\omega} C_{\beta\omega} \cdots C_{\omega\omega} \end{bmatrix} \begin{bmatrix} P_\alpha \\ P_\beta \\ \vdots \\ P_w \end{bmatrix} \tag{10-2}$$

$$\boldsymbol{L} = \boldsymbol{CP}$$

式中,$\boldsymbol{P}$ 和 $\boldsymbol{L}$ 为输入和输出功率;$\boldsymbol{C}$ 为能量转换效率。

2）储能设备

储能设备一般包括电储能、热储能、冷储能等,其能够在一定时间上解耦能量的生产与消耗。对于该类储能设备可统一采用下式进行建模:

$$Q_\alpha^{out} = e_\alpha Q_\alpha^{in} \tag{10-3}$$

式中,Q_α^{out} 和 Q_α^{in} 分别是储能设备的输出、输入功率;e_α 为能量储存效率,其大小可按照能量流方向进行计算。

$$e_\alpha = \begin{cases} e_\alpha^+, & \text{充电过程} \\ \dfrac{1}{e_\alpha^-}, & \text{放电过程} \end{cases} \tag{10-4}$$

其中 e_α^+ 和 e_α^- 分别为充、放电效率。经过一段时间 T 后,储能设备内存储能量可按照下式计算。

$$E_\alpha(T) = E_\alpha(0) + \int_0^T \tilde{Q_\alpha} \, dt \tag{10-5}$$

式中,$E_\alpha(T)$ 为经过时间 T 后的储存能量,$\tilde{Q_\alpha}$ 为充放电功率。

3）网络设备

网络设备可包含电网、天然气网和冷热管网等。对于由 m 个节点组成的网络,根据能量和质量守恒定律,每个支路上输入输出能量的代数和为零。因此网络模型描述方程为

$$F_m = \sum_{n \in N} \eta_{mn} F_{mn} \tag{10-6}$$

式中,n 为连接节点 m 的系列节点;η_{mn} 为能量传输效率;F_m 为注入节点 m 的总能量。对于一个包含 N 个节点的网络,N 个方程可描述网络的守恒关系。

10.4.3 算例分析

以某地区电、气、热能源供应系统为例,对基于能源枢纽的建模和优化进行验

证,将该地区的能量供应划分成 4 个能源枢纽和 3 个负荷点,如图 10 - 24 和图 10 - 25所示。其中枢纽 1 为传统的热电联供机组,枢纽 2 为包含蓄热/冷水箱和溴化锂吸收式制冷机的冷热电联供系统,枢纽 3 为分布式热电联供机组,枢纽 4 为包含光伏发电和风机的可再生能源枢纽[15]。

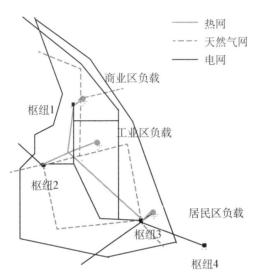

图 10 - 24　某地区电、气、热能源供应系统示意图

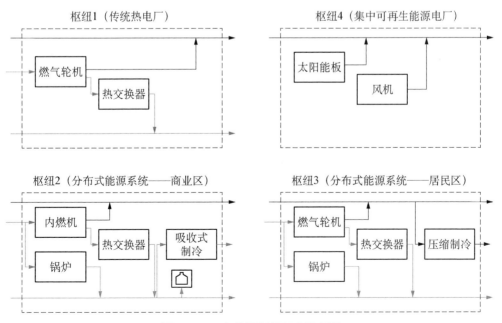

图 10 - 25　各能源枢纽组成示意图

负荷点的负荷在 24 h 的变化情况如图 10‐26 所示。

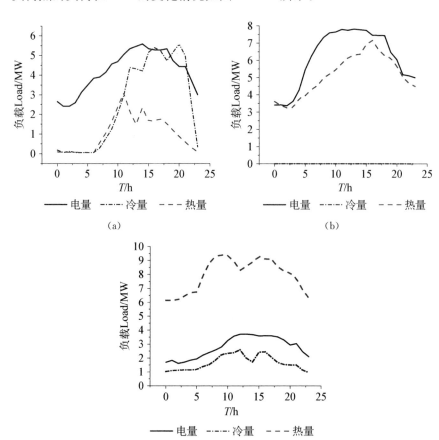

(a)

(b)

(c)

图 10‐26 负荷枢纽 24 h 负荷变化曲线

(a) 商业区负载特性;(b) 工业区负载特性;(c) 居民区负载特性

　　充分考虑能源转化效率和传输损失等因素,同时在满足负荷需求的情况下,采用遗传算法对各个能量枢纽的运行进行优化调度,优化目标是最小化运行成本。对各个能量枢纽优化前后的运行状况即耗电和耗气量进行对比分析,结果如图10‐27所示。从结果看,优化后各能量枢纽的运行有很大的变化,各能量枢纽间电热流通更加频繁,使各能量枢纽的原动机各时段内均保持较高的负荷率,因此保证了系统能量利用效率。表 10‐1 显示了在优化前后各个枢纽的燃料消耗量和电量消耗量及系统总消耗量,从优化前后的运行成本对比看,优化后系统总运行成本显著降低,最大运行成本降低了 10.1%,证明了基于能量枢纽进行优化的有效性。

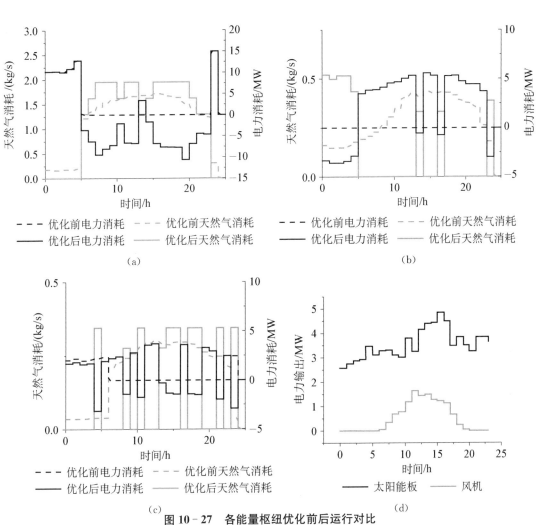

图 10 - 27　各能量枢纽优化前后运行对比

(a) 能量枢纽 1;(b) 能量枢纽 2;(c) 能量枢纽 3;(d) 能量枢纽 4

表 10 - 1　系统优化前后的电气消耗量和运行成本对比

		优化前	优化后
枢纽 1	天然气	103.48	112.2
	电力	69.18	−35.66
枢纽 2	天然气	26.2	12.74
	电力	0	52.98
枢纽 3	天然气	17.13	11.9
	电力	15.32	32.1

(续表)

		优化前	优化后
枢纽 4	天然气	0	0
	电力	−90.97	−90.97
总消耗	天然气/(t/d)	146.81	136.84
	电力/MWh	−6.47	−41.55
总成本	成本/(k\$/d)	79.68	70.96

10.5　本章小结

本章列举了四种常见的热力系统建模和仿真的实例,分别是 IGCC 热力系统、燃料电池-燃气轮机混合装置系统、湿空气涡轮机(HAT)循环系统以及能源互联网系统。针对这四种热力系统,分别建立了相应的仿真模型以及针对仿真试验的结果进行分析。

参 考 文 献

[1] 唐凯锋.基于 Shell 气化炉的煤基多联产(IGCC)系统建模与仿真[D].上海:上海交通大学,2013.

[2] 刘芳兵.IGCC 气化系统机理建模与仿真研究[D].保定:华北电力大学,2009.

[3] 张会生,刘永文,苏明,等.高温燃料电池-燃气轮机混合发电系统性能分析[J].热能动力工程,2002,17(2):118 - 121.

[4] 张兄文,李国君,李军,等.高温燃料电池/燃气轮机混合循环发电技术[J].燃气轮机技术,2005,18(1):23 - 29.

[5] 郝洪亮.熔融碳酸盐燃料电池/燃气轮机混合装置系统仿真与半物理实验研究[D].上海:上海交通大学,2007.

[6] 林汝谋,蔡睿贤,张娜.跨世纪的 HAT 热力循环[J].燃气轮机技术,1993,6(2):1 - 6.

[7] Kim T S, Song C H, Ro S T, et al. Influence of ambient condition on thermodynamic performance of the humid air turbine cycle[J]. Energy, 2000, 25(4):313 - 324.

[8] Nakhamkin M, Pelini R, Patel M I, et al. Power augmentation of heavy duty and two-shaft small and medium capacity combustion turbines with application of humid air injection and dry air injection technologies[C]. ASME 2004 Power Conference, March 30-April 1, Baltimore, 2004:301 - 306.

［9］ 卫琛喻.湿空气涡轮机循环性能仿真与试验研究［D］.上海：上海交通大学,2014.

［10］ 黄地.整体煤气化湿空气涡轮机循环动态建模及模型在回路控制平台研究［D］.上海：
上海交通大学,2016.

［11］ 付加锋,庄贵阳,高庆先.低碳经济的概念辨识及评价指标体系构建［J］.中国人口·资
源与环境,2010,20(8)：38 - 43.

［12］ 白建华,辛颂旭,刘俊,等.中国实现高比例可再生能源发展路径研究［J］.中国电机工
程学报,2015,35(14)：3699 - 3705.

［13］ 孙盛鹏,刘凤良,薛松.需求侧资源促进可再生能源消纳贡献度综合评价体系［J］.电力
自动化设备,2015,35(4)：77 - 83.

［14］ Geidl M，Andersson G. Optimal power flow of multiple energy carriers［J］. IEEE
Transactions on Power Systems，2007，22(1)：145 - 155.

［15］ Liu C，Shahidehpour M，Wang J. Coordinated scheduling of electricity and natural gas
infrastructures with a transient model for natural gas flow［J］. Chaos，2011，21
(2)：025102.

索　引